智能建筑弱电工程
从入门到精通

建筑弱电工程
识图

JIANZHU RUODIAN GONGCHENG SHITU

李红芳　主编

U0300066

中国电力出版社
CHINA ELECTRIC POWER PRESS

内 容 提 要

本书主要内容包括建筑电气工程图的一般规定及术语、建筑弱电工程图常用图形符号、建筑电气工程图识图方法简介、建筑弱电工程导线敷设图、建筑消防系统图、有线电视系统图、建筑电话通信系统图、停车场管理系统图、建筑弱电综合布线系统图、建筑弱电安装图、建筑广播音响系统图等。

书中内容与工程实际联系紧密，系统完整，讲解透彻，特别适合刚刚从事建筑弱电工程设计及施工或者管理人员使用。

图书在版编目（CIP）数据

智能建筑弱电工程从入门到精通．建筑弱电工程识图／李红芳主编. —北京：中国电力出版社，2018.7（2022.4重印）

ISBN 978-7-5198-1145-7

Ⅰ.①智… Ⅱ.①李… Ⅲ.①智能建筑-电气设备-电路图-识图 Ⅳ.①TU85

中国版本图书馆 CIP 数据核字（2017）第 224808 号

出版发行：中国电力出版社

地　　址：北京市东城区北京站西街 19 号（邮政编码 100005）

网　　址：http：//www.cepp.sgcc.com.cn

责任编辑：王晓蕾（010-63412610）

责任校对：朱丽芳

装帧设计：张俊霞

责任印制：杨晓东

印　　刷：北京天宇星印刷厂

版　　次：2018 年 7 月第一版

印　　次：2022 年 4 月北京第五次印刷

开　　本：787 毫米×1092 毫米　16 开本

印　　张：14.75

字　　数：356 千字

定　　价：48.00 元

编　委　会

前　言

　　智能建筑是随着人类对建筑内外信息交换、安全性、舒适性、便利性和节能性的要求产生的。智能建筑的功能主要体现在系统的智能化，体现在弱电系统控制上，包括建筑内通信网络技术的应用、消防与安防技术的应用、声频与视频技术的应用、门禁与电子巡更技术的应用、楼宇对讲技术的应用、综合布线和系统集成技术的应用、停车场与出入口技术的应用等。

　　智能弱电系统实际上是一种中央监控系统，它通过对建筑物（或建筑群）内的各种电力设备、空调设备、冷热源设备、防火、防盗设备等进行集中监控，在确保建筑内环境舒适、充分考虑能源节约和环境保护的条件下，使建筑内的各种设备状态及利用率均达到最佳。

　　实际工程建设中，几乎每个项目都是庞大复杂的工程综合体，无论管理还是技术或施工，也无论分部工程还是分项工程都是由若干不同的人员来完成。项目运行中，技术人员需要对照设计师预先画好的图纸来执行任务，首先需要熟悉和解读图纸。面对线条、线路繁复的图纸，如何快速、准确地读懂图纸至关重要。本书就是从弱电安装人员实际需要着入手，用最直观、最通俗易懂的语言编写，书中对建筑项目涉及的每一部分弱电系统都做了基本介绍、案例解释和说明，并附有最新的电气弱电符号图例。

　　另外，科技的发展也促使技术、材料和设备日新月异，相应的电气施工和安装规范也不断更新，施工和安装人员也须不断学习才不至于被时代所淘汰。

　　本书可作为高等院校的建筑电气与智能化、电气工程与自动化、电气工程、机械电子工程等专业的教学参考书，也可供建筑行业的相关专业和涉及建筑智能化信息化技术相关专业的工程技术人员、设计人员和管理人员学习，还可以作为相关行业的楼宇自控工程师关于建筑弱电系统识图的培训教材。

编　者

目　录

第一章　建筑电气工程图的一般规定及术语

第一节　建筑电气工程图一般规定

一、建筑工程图的格式与幅面尺寸

1. 图纸格式

一张图纸的完整图面是由边框线、图框线、标题栏、会签栏等组成的，其格式如图 1-1 所示。

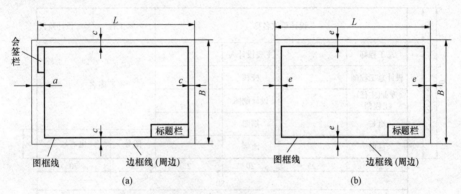

图 1-1　图纸格式示例

（a）留装订边；（b）不留装订边

2. 图纸幅面尺寸

由边框线所围成的图面为图纸的幅面。幅面尺寸共分为 A0、A1、A2、A3 和 A4 五类，其尺寸见表 1-1。其中 A0、A1 和 A2 号图纸一般不可加长，A3 和 A4 号图纸可根据需要加长，加长后图纸幅面尺寸见表 1-2。

表 1-1	图纸的基本幅面尺寸				（mm）
幅面代号	A0	A1	A2	A3	A4
宽（B）×长（L）	841×1189	594×841	594×420	297×420	210×297
留装订边边宽（c）	10	10	10	5	6
不留装订边边宽（e）	20	20	10	10	10
装订侧边宽（a）	25				

表 1-2　　　　　　　　　　　　加长后图纸幅面尺寸　　　　　　　　　　　（mm）

代号	尺寸	代号	尺寸
A3×3	420×891	A4×4	297×841
A3×4	420×1189	A4×5	297×1051
A4×3	297×630		

二、弱电施工工程图的标题栏和图幅分区

1. 标题栏

标题栏又称图标，它是用以确定图纸的名称、图号、张次、更改和有关人员签署内容的栏目，位于图纸的右下方。标题栏的格式，目前我国还没有统一规定，各设计单位标题栏格式可能不一样，常用的标题栏格式如图 1-2 所示。

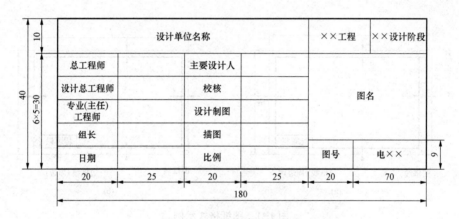

图 1-2　常用的标题栏格式

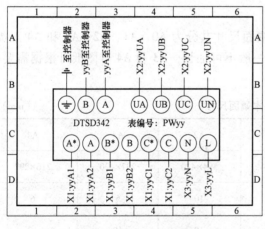

图 1-3　图幅分区示例

2. 图幅分区

一些幅面较大、内容复杂的电气图，需要进行分区，以便于在读图或更改图的过程中，能迅速找到相应的部分。

图幅分区的方法一般是将图纸相互垂直的两边各自等分，分区的数目视图的复杂程度而定，但要求每边必须为偶数，每一分区的长度为 25～75mm。竖边方向分区代号用大写拉丁字母从上到下编号，横边方向分区代号用阿拉伯数字从左到右编号，如图 1-3 所示。这样，图纸上内容在图上位置可被唯一确定。

三、电气施工图的绘图一般规定

1. 绘图比例

大部分电气图都是采用图形符号绘制的，是不按比例的。但位置图即施工平面图、电气构建详图一般是按比例绘制的，且多用缩小比例绘制。通用的缩小比例系数为 $1:10$、$1:20$、$1:50$、$1:100$、$1:200$、$1:500$。最常用的缩小比例系数为 $1:100$，即图纸上图线长度为 1，其实际长度为 100。

对于选用的比例应在标题栏比例一栏中注明。标注尺寸时，不论选用放大比例还是缩小比例，都必须是物体的实际尺寸。

2. 图线

绘制电气图所用各种线条称为图线，图线及其应用见表 1-3。

表 1-3　　　　　　　　　　　　　图 线 及 其 应 用

图线名称	图线形式	代号	图线宽度/mm	电气图应用
粗实线	——————	A	$b=0.5\sim2$	母线、总线、主电路图
细实线	——————	B	约 $b/3$	可见导线、各种电气连接线、信号线
虚线	··········	F	约 $b/3$	不可见导线、辅助线
细点划线	—·—·—·—	G	约 $b/3$	功能和结构图框线
双点划线	—··—··—	K	约 $b/3$	辅助图框线

3. 指引线

指引线用于指示注释的对象，其末端指向被注释处，并在其末端加注不同标记，如图 1-4 所示。

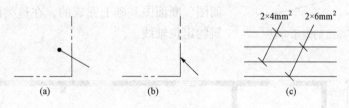

图 1-4　指引线

（a）末端在轮廓线内；（b）末端在轮廓线上；（c）末端在电路线上

4. 中断线

在弱电工程图中，为了简化制图，广泛使用中断线的表示方法，常用的表示方法如图 1-5 和图 1-6 所示。

四、建筑图的特征标志一般规定

（1）方向、风向频率标记如图 1-7 所示。

（2）安装标高的表示方法，如图 1-8 所示。

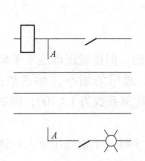

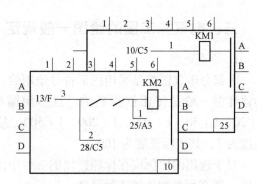

图 1-5　穿越图面的中断线

图 1-6　引向另一图纸的导线的中断线

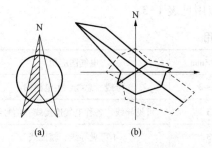

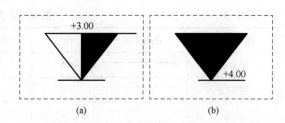

图 1-7　方向、风向频率标记

（a）方向标记；（b）风向频率标记

图 1-8　安装标高的表示方法

（a）室内标高；（b）室外标高

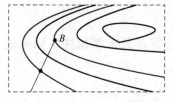

图 1-9　等高线的表示方法

（3）等高线的表示方法，如图 1-9 所示。

（4）定位轴线。凡承重墙、柱、梁等承重构件的位置所画的轴线，称为定位轴线，如图 1-10 所示。消防、安防和通信布置等弱电工程图通常是在建筑平面图、断面图基础上完成的，在这类图纸上一般标建筑物定位轴线。

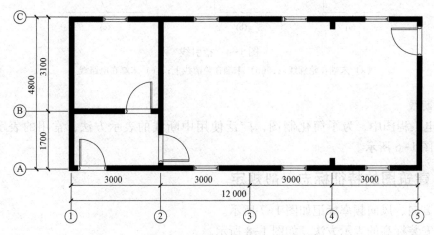

图 1-10　定位轴线标注示例

4

第二节　建筑电气工程常用术语

1. 半集中表示法

为了使设备和装置的电路布局清晰、易于识别，将一个项目中某些部分的图形在简图上分开布置，并用机械符号表示它们之间相互关系的表示方法称为半集中表示法。

2. 被控系统

被控系统包括执行实际过程的操作设备。

3. 表格

把数据按纵横排列的表达方法称为表格。

4. 表图

表明两个或两个以上变量之间关系的图称为表图。

5. 部件

两个或更多的基本件构成的组件的一部分称为部件，它可以整个或分别替换其中一个或几个基本件。

6. 补充标记

补充标记就是主标记的补充，是以每一根导线或线束的电气功能为依据的标记系统。

7. 程序图

详细表示程序单元和程序模块及其互联关系的简图称为程序图。

8. 从属标记

从属标记是以导线所连接的端子的标记或线束所连接的设备的标记为依据的导线或线束的标记系统。

9. 单元接线图或单元接线表

单元接线图或单元接线表表示的是成套装置或设备中一个结构单元内的连接关系。

10. 等效电路图

表示理论的或理想的元件及其连接关系的简图称为等效电路图。

11. 电路图

用图形符号，按工作顺序排列，详细表示电路、设备或成套装置的全部基本组成和连接关系，不考虑其实际位置的简图称为电路图。

12. 独立标记

独立标记是与导线所连接的端子的标记或线束所连接的设备的标记无关的导线或线束的标记系统。

13. 单线表示法

两根或两根以上的导线在简图上只用一条线来表示的方法称为单线表示法。

14. 端子

用来连接器件和外部导线的导电体称为端子。

15. 端子代号

用来同外电路进行电气连接的电器导电件的代号称为端子代号。

16. 端子板

端子板是装有多个互相绝缘并通常与地绝缘的端子的板、块或条。

17. 端子功能图

端子功能图是表示功能单元全部外接端子，并用功能图、表图或文字表示其内部功能的一种简图。

18. 端子接线图或端子接线表

端子接线图或端子接线表是表示成套装置或设备的端子以及接在外部接线（必要时包括内部接线）的一种接线图或接线表。

19. 多线表示法

多线表示法是每根导线在简图上都分别用一条线表示的方法。

20. 方框符号

方框符号是用以表示元件、设备等的组合及其功能，既不给出元件、设备的细节，也不考虑所有连接的一种简单的图形符号。

21. 分开表示法

分开表示法是为了使设备和装置的电路布局清晰、易于识别，把一个项目中某些部分的图形符号在简图上分开布置，并仅用项目代号表示它们之间关系的方法。

22. 符号要素

符号要素是一种具有确定意义的简单图形，必须同其他图形组合以构成一个设备或概念的完整符号。

23. 高层代号

高层代号是系统或设备中任何较高层次（对给予代号的项目而言）项目的代号。

24. 功能

功能是对信息流、逻辑流或系统的性能具有特定作用的操作过程定义。

25. 功能流

功能流描述设备功能之间逻辑上的相互关系。

26. 功能图

功能图是表示理论的或理想的电路而不涉及实现方法的一种简图。

27. 功能图表

功能图表表示控制系统（如一个供电过程或一个生产过程的控制系统）的作用和状态的一种表图。

28. 功能布局法

功能布局法是对简图中元件符号的位置，只考虑便于看出它们所表示的元件之间的功能，而不考虑实际位置的一种布局方法。

29. 互联接线图或互联接线表

互联接线图或互联接线表是表示成套装置或设备的不同单元之间连接关系的一种接线图或接线表。

30. 简图

简图是用图形符号、带注释的方框或简化外形表示系统或设备中各组成部分之间相互关系及其连接关系的一种图。

31. 集中表示法

集中表示法把设备或成套装置中一个项目各组成部分的图形符号，在简图上绘制在一起的方法。

32. 基本件

基本件是在正常情况下不破坏其功能就不能分解的一个（或互相连接的几个）零件、元件或器件，如连接片、电阻器、集成电路等。

33. 逻辑图

逻辑图是主要用二进制逻辑单元图形符号绘制的一种简图。只表示功能而不涉及实现方法的逻辑图，称为纯逻辑图。

34. 逻辑电平

逻辑电平是假定代表二进制变量的一个逻辑状态的物理量。

35. 内部逻辑状态

内部逻辑状态描述的是假定在符号框线内输入端或输出端存在的逻辑状态。

36. 前缀符号

前缀符号是用以区分各个代号段的符号，包括等号"="、加号"+"、减号"－"和冒号"："。

37. 设备元件表

设备元件表是把成套装置、设备和装置中各组成部分和相应数据列成的表格。

38. 识别标记

识别标记是标在导线或线束两端，必要时标在全长可见部位以识别导线或线束的标记。

39. 施控系统

施控系统是接收来自操作者、过程等信息，并给被控系统发出命令的设备。

40. 数据单

数据单是对特定项目给出详细信息的资料。

41. 图

图是用图示法的各种表达形式的统称。

42. 图形符号

图形符号是通常用于图样或其他文件以表示一个设备或概念的图形、标记或字符。

43. 外部逻辑状态

外部逻辑状态描述的是假定在符号框线外存在的逻辑状态。

44. 位置代号

位置代号是项目在组件、设备、系统或建筑物中的实际位置的代号。

45. 位置简图或位置图

位置简图或位置图是表示成套装置、设备或装置中各个项目位置的一种简图或一种图。

46. 位置布局法

位置布局法是简图中元件符号的布置对应于该元件实际位置的布局方法。

47. 系统说明书

系统说明书是按照设备的功能而不是按设备的实际结构来划分的文件。这样的成套文件称之为功能系统说明书，一般称为系统说明书。

48. 系统图或框图

系统图或框图是用符号或带注释的框，概略表示系统或分系统的基本组成、相互关系及其主要特征的一种简图。

49. 限定符号

限定符号是用以提供附加信息的一种加在其他符号上的符号。

50. 项目

项目是在图上通常用一个图形符号表示的基本件、部件、组件、功能单元、设备、系统等，如电阻器、继电器、发电机、放大器、电源装置、开关设备等，都可称为项目。

51. 项目代号

项目代号是用以识别图、图表、表格中和设备上的项目种类，并提供项目的层次关系、实际位置等信息的一种特定的代码。

52. 一般符号

一般符号是用以表示一类产品和此产品特征的一种通常很简单的符号。

53. 印刷板装配图

印刷板装配图是表示各种元、器件和结构件等与印刷板连接关系的图样。

54. 印刷板零件图

印刷板零件图是表示导电图形、结构要素、标记符号、技术要求和有关说明的图样。

55. 种类代号

种类代号是主要用于识别项目种类的代号。

56. 主标记

主标记是只标记导线或线束的特征，而不考虑其电气功能的标记系统。

57. 组合标记

组合标记是从属标记和独立标记一起使用的标记系统。

58. 组件

组件是若干基本件或若干部件或者若干基本件和若干部件组装在一起，用以完成某一特定功能的组合体，如发电机、音频放大器、电源装置、开关设备等。

第二章　建筑弱电工程识图常用图形符号

第一节　电气图形符号的构成及应用

一、电气图形符号的构成

工程图图形符号就是用于图样或其他文件以表示一个设备或概念的图形、标记或字符。电气图形符号包括一般符号、符号要素、限定符号和方框符号。

1. 一般符号

一般符号用来表示一类产品或此类产品的特征，是一种通常很简单的符号，如图 2-1 所示。

图 2-1　一般符号示例

2. 符号要素

符号要素是具有确定意义的简单图形，必须同其他图形组合以构成一个设备或概念的完整符号，一般不能单独使用。图 2-2 为直热式阴极电子管的图形符号及符号要素，它由管壳、阳极、（阴极）灯丝三个符号要素按一定的方式组合而成。而当这些符号要素按其他方式组合时，则会构成另外一种电子管的符号。

图 2-2　直热式阴极电子管的图形符号及符号要素

3. 限定符号

限定符号是用来提供附加信息的一种加在其他符号上的符号，它说明了某些特征、功能和作用等，通常不能单独使用，但它的应用大大扩展了图形符号的种类。如图 2-3 所示，在电阻器的一般符号上附加不同的限定符号，得到了多种不同电阻器的图形符号。如图 2-4 所示，在开关的一般符号上附加不同的限定符号，得到了多种不同开关的图形符号。

有时一般符号也可用作限定符号，如电容器的一般符号加到传声器的符号上，就构成了电容式传声器的符号。

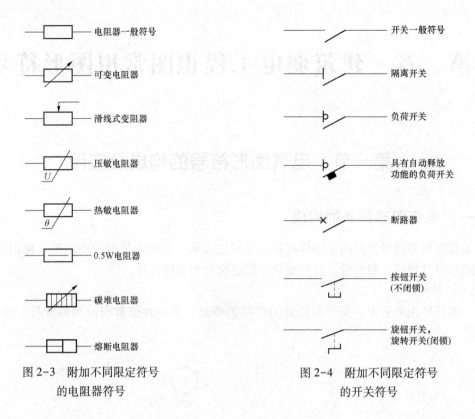

图 2-3　附加不同限定符号　　　　　图 2-4　附加不同限定符号
　　　　的电阻器符号　　　　　　　　　　　的开关符号

4. 方框符号

方框符号用来表示元件、设备等的组合及功能，不给出元件、设备的细节，也不考虑所有连接。

方框符号在框图中使用最多，电路图中的外购件、不可修理件也可用方框符号表示。

二、电气图形符号的应用

（1）电气图形符号是按其功能，在未激励状态下，按无电压、无外力作用的正常状态绘制的，与其所表示的对象的具体结构和实际形状尺寸无关，所以，具有广泛的通用性。

（2）绘制电气工程图时，应直接使用《电气简图用图形符号》（GB/T 4728）所规定的图形符号，以保证电气工程图的通用性。不允许对 GB/T 4728 中已给出的图形符号进行修改或重新派生，以免破坏它的通用性。对 GB/T 4728 中未给出的图形符号允许按功能派生，但必须要在图中加以说明。

（3）符号的含义只由它的形式确定。其大小和图线的宽度一般不影响符号的含义，有时为了适应某些特殊需要，允许采用不同的符号和不同宽度的图线，但在同一张图纸上应保持一致。根据绘图的实际需要，可将符号放大或缩小，但各符号相互间及符号自身的比例应保持不变。

（4）图形符号的方位不是强制的，可根据布图的需要，在不改变符号意义的前提下，将符号旋转或成镜像放置，但文字方向和指示方向不能倒置，如图 2-5 和图 2-6 所示。

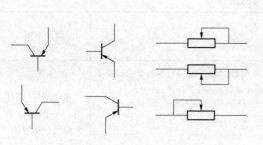

图 2-5　符号旋转或取其镜像形态示例

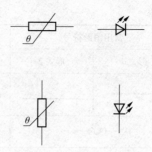

图 2-6　符号取向不同时
辐射符号、文字方向不变

（5）GB/T 4728《电气简图用图形符号》中，对某些设备元件给出了多个图形符号，有推荐形式和其他形式，有形式 1 和形式 2 等，选用时一般应遵循以下原则。

1）尽量选用推荐形式。

2）在保证需要的前提下，尽量选用最简单的形式。

3）在同一图号的图中要使用同一种形式。

（6）电气图形符号一般都有引线，在不改变符号意义的前提下，引线可以在其他位置，如图 2-7 所示。但在某些情况下，引线的位置改变，符号的含义也就改变了，如图 2-8 中，电阻器和继电器的引线位置就不能改变。

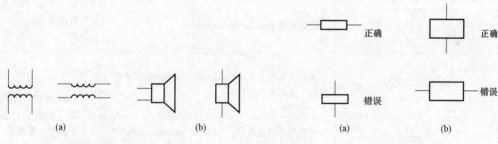

图 2-7　引线在不同位置的示例
（a）变压器；（b）扬声器

图 2-8　图形符号引线位置不能改变的示例
（a）电阻器；（b）继电器

（7）导线符号可以用不同宽度的线条表示，如可将电源电路用较粗线表示，以便和控制、保护电路相区别。

（8）在 GB/T 4728 中，有些图形符号形状相似，有些甚至完全一样，在使用时，应严格区分其形状和使用场合，按规定的图样画出，避免出现读图错误或相互混淆。

三、建筑电气施工图常用图形符号

图例见表 2-1～表 2-20。［参考《电气设备用图形符号国家标准汇编》和《建筑电气制图标准》（GB/T 50786—2012）］

表 2-1 　　　　　　　　　　　　　　　　　　强电图样的常用图形符号

序号	常用图形符号		说　　明	应用类别
	形式 1	形式 2		
1			导线组（示出导线数，如示出三根导线）Group of connections（number of connections indicated）	电路图、接线图、平面图、总平面图、系统图
2			软连接 Flexible connection	
3			端子 Terminal	
4			端子板 Terminal strip	电路图
5			T 型连接 T-connection	电路图、接线图、平面图、总平面图、系统图
6			导线的双 T 连接 Double junction of conductors	
7			跨接连接（跨越连接）Bridge connection	
8			阴接触件（连接器的）、插座 Contact，female（of a socket or plug）	电路图、接线图、系统图
9			阳接触件（连接器的）、插头 Contact，male（of a socket or plug）	电路图、接线图、平面图、系统图
10			定向连接 Directed connection	
11			进入线束的点 Point of access to a bundle（本符号不适用于表示电气连接）	电路图、接线图、平面图、总平面图、系统图
12			电阻器，一般符号，Resistor，general symbol	
13			电容器，一般符号，Capacitor，general symbol	
14			半导体二极管，一般符号，Semiconductor diode，general symbol	电路图
15			发光二极管（LED），一般符号，Light emitting diode（LED），general symbol	
16			双向三极闸流晶体管 Bidirectional triode thyristor；Triac	
17			PNP 晶体管 PNP transistor	
18			电机，一般符号，Machine，general symbol，见注 2	电路图、接线图、平面图、系统图

序号	常用图形符号		说　明	应用类别
	形式1	形式2		
19			三相笼式感应电动机 Three-phase cage induction motor	电路图
20			单相笼式感应电动机 Single-phase cage induction motor 有绕组分相引出端子	
21			三相绕线式转子感应电动机 Induction motor, three-phase, with wound rotor	
22			双绕组变压器，一般符号 Transformer with two windings, general symbol（形式2可表示瞬时电压的极性）	
23			绕组间有屏蔽的双绕组变压器 Transformer with two windings and screen	
24			一个绕组上有中间抽头的变压器 Transformer with center tap on one winding	电路图、接线图、平面图、总平面图、系统图　形式2只适用电路图
25			星形–三角形连接的三相变压器 Three-phase transformer, connection star-delta	
26			具有4个抽头的星形–星形连接的三相变压器 Three-phase transformer with four taps, connection: star-star	
27			单相变压器组成的三相变压器，星形–三角形连接 Threephase bank of singlephase transformers, connection star-delta	
28			具有分接开关的三相变压器，星形–三角形连接 Three-phase transformer with tap changer	电路图、接线图、平面图、系统图　形式2只适用电路图

序号	常用图形符号		说　　明	应用类别
	形式1	形式2		
29			三相变压器，星形-星形-三角形连接 Three-phase transformer, connection star-star-delta	电路图、接线图、系统图 形式2只适用电路图
30			自耦变压器，一般符号，Auto-transformer, general symbol	电路图、接线图、平面图、总平面图、系统图 形式2只适用电路图
31			单相自耦变压器 Auto-transformer, single-phase	
32			三相自耦变压器，星形连接 Auto-transformer, three-phase, connection star	
33			可调压的单相自耦变压器 Auto-transformer, single-phase with voltage regulation	电路图、接线图、系统图 形式2只适用电路图
34			三相感应调压器 Three-phase induction regulator	
35			电抗器，一般符号 Reactor, general symbol	
36			电压互感器 Voltage transformer	
37			电流互感器，一般符号，Current transformer, general symbol	电路图、接线图、平面图、总平面图、系统图 形式2只适用电路图
38			具有两个铁心，每个铁心有一个次级绕组的电流互感器 Current transformer with two cores with one secondary winding on each core，见注3，其中形式2中的铁心符号可以略去	电路图、接线图、系统图 形式2只适用电路图

序号	常用图形符号		说 明	应用类别
	形式1	形式2		
39			在一个铁心上具有两个次级绕组的电流互感器 Current transformer with two secondary windings on one core，形式2中的铁心符号必须画出	
40			具有三条穿线一次导体的脉冲变压器或电流互感器 Pulse or current transformer with three threaded primary conductors	
41			三个电流互感器（四个次级引线引出）Three current transformers	
42			具有两个铁心，每个铁心有一个次级绕组的三个电流互感器 Three current transformers with two cores with one secondary winding on each core，见注3	电路图、接线图、系统图 形式2只适用电路图
43			两个电流互感器，导线L1和导线L3；三个次级引线引出 Two current transformers on L1 and L3, three secondary lines	
44			具有两个铁心，每个铁心有一个次级绕组的两个电流互感器 Two current transformers with two cores with one secondary winding on each core，见注3	
45			物件，一般符号，Object, general symbol	电路图、接线图、平面图、系统图
46				
47		注4		
48			有稳定输出电压的变换器 Converter with stabilized output voltage	电路图、接线图、系统图

续表

序号	常用图形符号		说　明	应用类别
	形式 1	形式 2		
49		f1 f2	频率由 f1 变到 f2 的变频器 Frequency converter, changing from f1 to f2（f1 和 f2 可用输入和输出频率的具体数值代替）	电路图、系统图
50			直流/直流变换器 DC/DC converter	
51			整流器 Rectifier	
52			逆变器 Inverter	电路图、接线图、系统图
53			整流器/逆变器 Rectifier/Inverter	
54			原电池 Primary cell 长线代表阳极，短线代表阴极	
55		G	静止电能发生器，一般符号 Static generator, general symbol	电路图、接线图、平面图、系统图
56		G	光电发生器 Photovoltaic generator	电路图、接线图、系统图
57		I△	剩余电流监视器 Residual current monitor	
58			动合触点，一般符号；开关，一般符号 Make contact，general symbol；Switch，general symbol	
59			动断触点 Break contact	
60			先断后合的转换触点 Change-over break before make contact	电路图、接线图
61			中间断开的转换触点 Change-over contact with off-position	
62			先合后断的双向转换触点 Change-over make before break contact，both ways	

续表

序号	常用图形符号		说　　明	应用类别
	形式1	形式2		
63			延时闭合的动合触点 Make contact, delayed closing（当带该触点的器件被吸合时，此触点延时闭合）	
64			延时断开的动合触点 Make contact, delayed opening（当带该触点的器件被释放时，此触点延时断开）	
65			延时断开的动断触点 Break contact, delayed opening（当带该触点的器件被吸合时，此触点延时断开）	
66			延时闭合的动断触点 Break contact, delayed closing（当带该触点的器件被释放时，此触点延时闭合）	
67			自动复位的手动按钮开关 Switch, manually operated, push-button, automatic return	电路图、接线图
68			无自动复位的手动旋转开关 Switch, manually operated, turning, stay-put	
69			具有动合触点且自动复位的蘑菇头式的应急按钮开关 Pushbutton switch, type mushroom-head, key by operation	
70			带有防止无意操作的手动控制的具有动合触点的按钮开关 Push-button switch, protected against unintentional operation	
71			热继电器，动断触点 Thermal relay or release, break contact	
72			液位控制开关，动合触点 Actuated by liquid level switch, make contact	
73			液位控制开关，动断触点 Actuated by liquid level switch, break contact	
74			带位置图示的多位开关，最多四位 Multi-position switch, with position diagram	电路图

17

序号	常用图形符号		说　明	应用类别
	形式 1	形式 2		
75			接触器；接触器的主动合触点 Contactor；Main make contact of a contactor（在非操作位置上触点断开）	
76			接触器；接触器的主动断触点 Contactor；Main break contact of a contactor（在非操作位置上触点闭合）	
77			隔离器 Disconnector；Isolator	
78			隔离开关 Switch-disconnector；on-load isolating switch	
79			带自动释放功能的隔离开关 Switch-disconnector, automatic release；On-load isolating switch, automatic（具有由内装的测量继电器或脱扣器触发的自动释放功能）	
80			断路器，一般符号，Circuit breaker，general symbol	电路图、接线图
81			带隔离功能断路器 Circuit breaker with disconnector（isolator）function	
82			剩余电流动作断路器 Residual current operated circuit-breaker	
83			带隔离功能的剩余电流动作断路器 Residual current operated circuit-breaker with disconnector（isolator）function	
84			继电器线圈，一般符号；驱动器件，一般符号 Relay coil，general symbol；operating device，general symbol	
85			缓慢释放继电器线圈 Relay coil of a slow-releasing relay	
86			缓慢吸合继电器线圈 Relay coil of a slow-operating relay	
87			热继电器的驱动器件 Operating device of a thermal relay	

续表

序号	常用图形符号		说　明	应用类别
	形式1	形式2		
88			熔断器，一般符号 Fuse, general symbol	电路图、接线图
89			熔断器式隔离器 Fuse-disconnector；Fuse isolator	
90			熔断器式隔离开关 Fuse switch-disconnector；On-load isolating fuse switch	
91			火花间隙 Spark gap	
92			避雷器 Surge diverter；Lightning arrester	
93			多功能电器 Multiple-function switching device 控制与保护开关电器（CPS）（该多功能开关器件可通过使用相关功能符号表示可逆功能、断路器功能、隔离功能、接触器功能和自动脱扣功能。当使用该符号时，可省略不采用的功能符号要素）	电路图、系统图
94			电能表 Voltmeter	
95			电能表（瓦时计）Watt-hour meter	电路图、接线图、系统图
96			复费率电能表（示出二费率）Multirate watt-hour meter	
97			信号灯，一般符号 Lamp, general symbol, 见注5	
98			音响信号装置，一般符号（电喇叭、电铃、单击电铃、电动汽笛），Acoustic signalling device, general symbol	电路图、接线图、平面图、系统图
99			蜂鸣器 Buzzer	
100			发电站，规划的 Generating station, planned	总平面图
101			发电站，运行的 Generating station, in service or unspecified	

续表

序号	常用图形符号		说　明	应用类别
	形式1	形式2		
102			热电联产发电站，规划的 Combined electric and heat generated station, planned	总平面图
103			热电联产发电站，运行的 Combined electric and heat generated station, in service or unspecified	
104			变电站、配电所，规划的 Substation, planned（可在符号内加上任何有关变电站详细类型的说明）	
105			变电站、配电所，运行的 Substation, in service or unspecified	
106			接闪杆 Air-termination rod	接线图、平面图、总平面图、系统图
107			架空线路 Overhead line	总平面图
108			电力电缆井/人孔 Manhole for underground chamber	
109			手孔 Hand hole for underground chamber	
110			电缆梯架、托盘和槽盒线路 Line of cable ladder, cable tray, cable trunking	平面图、总平面图
111			电缆沟线路 Line of cable trench	
112			中性线 Neutral conductor	电路图、平面图、系统图
113			保护线 Protective conductor	
114			保护线和中性线共用线 Combined protective and neutral conductor	
115			带中性线和保护线的三相线路 Threephase wiring with neutral conductor and protective conductor	
116			向上配线或布线 Wiring going upwards	平面图
117			向下配线或布线 Wiring going downwards	
118			垂直通过配线或布线 Wiring passing through vertically	

续表

序号	常用图形符号 形式1	常用图形符号 形式2	说 明	应用类别
119			由下引来配线或布线 Wiring from the below	平面图
120			由上引来配线或布线 Wiring from the above	
121	⊙		连接盒；接线盒 Connection box；Junction box	
122		MS	电动机启动器，一般符号 Motor starter, general symbol	电路图、接线图、系统图 形式2用于平面图
123		SDS	星—三角启动器 Star-delta starter	
124		SAT	带自耦变压器的启动器 Starter with auto-transformer	
125		ST	带晶闸管整流器的调节-启动器 Starter regulator with thyristors	
126			电源插座、插孔，一般符号（用于不带保护极的电源插座）Socket outlet（power），general symbol；Receptacle outlet（power），general symbol，见注6	平面图
127	$\curlywedge$ 3		多个电源插座（符号表示三个插座）Multiple socket out-let（power）	
128			带保护极的电源插座 Socket outlet（power）with protective contact	
129			单相二、三极电源插座 Single phase two or three poles socket outlet（power）	
130			带保护极和单极开关的电源插座 Socket outlet（power）with protection pole and single pole switch	
131			带隔离变压器的电源插座 Socket outlet（power）with isolating transformer（剃须插座）	
132			开关，一般符号，Switch, general symbol（单联单控开关）	
133			双联单控开关 Double single control switch	
134			三联单控开关 Triple single control switch	
135	n		n 联单控开关，$n>3$ n single control switch，$n>3$	

续表

序号	常用图形符号		说　明	应用类别
	形式1	形式2		
136			带指示灯的开关 Switch with pilot light（带指示灯的单联单控开关）	
137			带指示灯双联单控开关 Double single control switch with pilot light	
138			带指示灯的三联单控开关 Triple single control switch with pilot light	
139			带指示灯的 n 联单控开关，n > 3 n single control switch with pilot light，n>3	
140			单极限时开关 Period limiting switch，single pole	
141			单极声光控开关 Sound and light control switch，single pole	
142			双控单极开关 Two-way single pole switch	
143			单极拉线开关 Pull-cord single pole switch	
144			风机盘管三速开关 Three-speed fan coil switch	平面图
145			按钮 Push-button	
146			带指示灯的按钮 Push-button with indicator lamp	
147			防止无意操作的按钮 Push-button protected against unintentional operation（例如借助于打碎玻璃罩进行保护）	
148			灯，一般符号，Lamp，general symbol，见注7	
149	E		应急疏散指示标志灯 Emergency exit indicating luminaires	
150	→		应急疏散指示标志灯（向右）Emergency exit indicating luminaires（right）	
151	←		应急疏散指示标志灯（向左）Emergency exit indicating luminaires（left）	
152	←→		应急疏散指示标志灯（向左、向右）Emergency exit indicating luminaires（left、right）	

续表

序号	常用图形符号		说　明	应用类别
	形式 1	形式 2		
153			专用电路上的应急照明灯 Emergency lighting luminaire on special circuit	
154			自带电源的应急照明灯 Self-contained emergency lighting luminaire	
155			荧光灯，一般符号 Fluorescent lamp，general symbol （单管荧光灯）	
156			二管荧光灯 Luminaire with two fluorescent tubes	
157			三管荧光灯 Luminaire with three fluorescent tubes	
158			多管荧光灯，$n > 3$ Luminaire with many fluorescent tubes	平面图
159			单管格栅灯 Grille lamp with one fluorescent tubes	
160			双管格栅灯 Grille lamp with two fluorescent tubes	
161			三管格栅灯 Grille lamp with three fluorescent tubes	
162			投光灯，一般符号 Projector，general symbol	
163			聚光灯 Spot light	
164			风扇；风机 Fan	

注：1　当电气元器件需要说明类型和敷设方式时，宜在符号旁标注下列字母：EX-防爆；EN-密闭；C-暗装。

2　当电机需要区分不同类型时，符号"★"可采用下列字母表示：G-发电机；GP-永磁发电机；GS-同步发电机；M-电动机；MG-能作为发电机或电动机使用的电机；MS-同步电动机；MGS-同步发电机-电动机等。

3　符号中加上端子符号（O）表明是一个器件，如果使用了端子代号，则端子符号可以省略。

4　□可作为电气箱（柜、屏）的图形符号，当需要区分其类型时，宜在□内标注下列字母：LB-照明配电箱；ELB-应急照明配电箱；PB-动力配电箱；EPB-应急动力配电箱；WB-电能表箱；SB-信号箱；TB-电源切换箱；CB-控制箱、操作箱。

5　当信号灯需要指示颜色，宜在符号旁标注下列字母：YE-黄；RD-红；GN-绿；BU-蓝；WH-白。如果需要指示光源种类，宜在符号旁标注下列字母：Na-钠气；Xe-氙；Ne-氖；IN-白炽灯；Hg-汞；I-碘；EL-电致发光的；ARC-弧光；IR-红外线的；FL-荧光的；UV-紫外线的；LED-发光二极管。

6　当电源插座需要区分不同类型时，宜在符号旁标注下列字母：1P-单相；3P-三相；lC-单相暗敷；3C-三相暗敷；1EX-单相防爆；3EX-三相防爆；1EN-单相密闭；3EN-三相密闭。

7　当灯具需要区分不同类型时，宜在符号旁标注下列字母：ST-备用照明；SA-安全照明；LL-局部照明灯；W-壁灯；C-吸顶灯；R-筒灯；EN-密闭灯；G-圆球灯；EX-防爆灯；E-应急灯；L-花灯；P-吊灯；BM-浴霸。

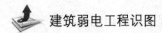

表 2-2 通信及综合布线系统图样的常用图形符号

序号	常用图形符号		说　明	应用类别
	形式1	形式2		
1	MDF		总配线架（柜）Main distribution frame	
2	ODF		光纤配线架（柜）Fiber distribution frame	系统图、平面图
3	IDF		中间配线架（柜）Mid distribution frame	
4	BD	BD	建筑物配线架（柜）Building distributor（有跳线连接）	系统图
5	FD	BD	楼层配线架（柜）Floor distributor（有跳线连接）	
6	CD		建筑群配线架（柜）Campus distributor	
7	BD		建筑物配线架（柜）Building distributor	
8	FD		楼层配线架（柜）Floor distributor	
9	HUB		集线器 Hub	
10	SW		交换机 Switchboard	
11	CP		集合点 Consolidation point	
12	LIU		光纤连接盘 Line interface unit	平面图、系统图
13	TP	TP	电话插座 Telephone socket	
14	TD	TD	数据插座 Data socket	
15	TO	TO	信息插座 Information socket	
16	nTO	nTO	n 孔信息插座 Information socket with many outlets，n 为信息孔数量，例如：TO—单孔信息插座；2TO—二孔信息插座	
17	○ MUTO		多用户信息插座 Information socket for many users	

24

表 2-3　　　　　　　　　　　　　火灾自动报警系统图样的常用图形符号

序号	常用图形符号		说　　明	应用类别
	形式 1	形式 2		
1	★见注1		火灾报警控制器 Fire alarm device	
2	★见注2		控制和指示设备 control and indicating equipment	
3			感温火灾探测器（点型）Heat detector（point type）	
4		N	感温火灾探测器（点型、非地址码型）Heat detector	
5		EX	感温火灾探测器（点型、防爆型）Heat detector	
6			感温火灾探测器（线型）Heat detector（line type）	
7			感烟火灾探测器（点型）Smoke detector（point type）	
8		N	感烟火灾探测器（点型、非地址码型）Smoke detector（point type）	
9		EX	感烟火灾探测器（点型、防爆型）Smoke detector（point type）	
10			感光火灾探测器（点型）Optical flame detector（point type）	
11			红外感光火灾探测器（点型）Infra-red optical flame detector（point type）	
12			紫外感光火灾探测器（点型）UV optical flame detector（point type）	平面图、系统图
13			可燃气体探测器（点型）Combustible gas detector（point type）	
14			复合式感光感烟火灾探测器（点型）Combination type optical flame and smoke detector（point type）	
15			复合式感光感温火灾探测器（点型）Combination type optical flame and heat detector（point type）	
16			线型差定温火灾探测器 Line-type rate-of-rise and fixed temperature detector	
17			光束感烟火灾探测器（线型，发射部分）Beam smoke detector（line type，the part of launch）	
18			光束感烟火灾探测器（线型，接受部分）Beam smoke detector（line type，the part of reception）	
19			复合式感温感烟火灾探测器（点型）Combination type smoke and heat detector（point type）	
20			光束感烟感温火灾探测器（线型，发射部分）Infra-red beam line-type smoke and heat detector（emitter）	
21			光束感烟感温火灾探测器（线型，接受部分）Infra-red beam line-type smoke and heat detector（receiver）	

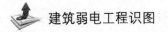
序号	常用图形符号		说　明	应用类别
	形式1	形式2		
22			手动火灾报警按钮 Manual fire alarm call point	
23			消火栓启泵按钮 Pump starting button in hydrant	
24			火警电话 Alarm telephone	
25			火警电话插孔（对讲电话插孔）Jack for two-way telephone	
26			带火警电话插孔的手动报警按钮 Manual station with Jack for two-way telephone	
27			火警电铃 Fire bell	
28			火灾发声警报器 Audible fire alarm	
29			火灾光警报器 Visual fire alarm	
30			火灾声光警报器 Audible and visual fire alarm	平面图、系统图
31			火灾应急广播扬声器 Fire emergency broadcast loud-speaker	
32		Ⓛ	水流指示器（组）Flow switch	
33	P		压力开关 Pressure switch	
34	70℃		70℃动作的常开防火阀 Normally open fire damper, 70℃ close	
35	280℃		280℃动作的常开排烟阀 Normally open exhaust valve, 280℃ close	
36	280℃		280℃动作的常闭排烟阀 Normally closed exhaust valve, 280℃ open	
37			加压送风口 Pressurized air outlet	
38	SE		排烟口 Exhaust port	

注：1　当火灾报警控制器需要区分不同类型时，符号"★"可采用下列字母表示：C-集中型火灾报警控制器；Z-区域型火灾报警控制器；G-通用火灾报警控制器；S-可燃气体报警控制器。

　　2　当控制和指示设备需要区分不同类型时，符号"★"可采用下列字母表示：RS-防火卷帘门控制器；RD-防火门磁释放器；I/O-输入/输出模块；I-输入模块；O-输出模块；P-电源模块；T-电信模块；SI-短路隔离器；M-模块箱；SB-安全栅；D-火灾显示盘；FI-楼层显示盘；CRT-火灾计算机图形显示系统；FPA-火警广播系统；MT-对讲电话主机；BO-总线广播模块；TP-总线电话模块。

表 2-4 有线电视及卫星电视接收系统图样的常用图形符号

序号	常用图形符号		说 明	应用类别
	形式 1	形式 2		
1			天线，一般符号，Antenna，general symbol	电路图、接线图、平面图、总平面图、系统图
2			带馈线的抛物面天线 Antenna，parabolic，with feeder	
3			有本地天线引入的前端（符号表示一条馈线支路）Head end with local antenna	平面图、总平面图
4			无本地天线引入的前端（符号表示一条输入和一条输出通路）Head end without local antenna	
5			放大器、中继器一般符号 Amplifier，general symbol（三角形指向传输方向）	电路图、接线图、平面图、总平面图、系统图
6			双向分配放大器 Dual way distribution amplifier	
7			均衡器 Equalizer	平面图、总平面图、系统图
8			可变均衡器 Variable equalizer	
9			固定衰减器 Attenuator，fixed loss	电路图、接线图、系统图
10			可变衰减器 Attenuator，variable loss	
11		DEM	解调器 Demodulator	接线图、系统图 形式 2 用于平面图
12		MO	调制器 Modulator	
13		MOD	调制解调器 Modem	
14			分配器，一般符号 Splitter，general symbol（表示两路分配器）	电路图、接线图、平面图、系统图
15			分配器，一般符号 Splitter，general symbol（表示三路分配器）	
16			分配器，一般符号 Splitter，general symbol（表示四路分配器）	

续表

序号	常用图形符号 形式1	常用图形符号 形式2	说　明	应用类别
17			分支器，一般符号 Tap-off，general symbol（表示一个信号分支）	电路图、接线图、平面图、系统图
18			分支器，一般符号 Tap-off，general symbol（表示两个信号分支）	
19			分支器，一般符号 Tap-off，general symbol（表示四个信号分支）	
20			混合器，一般符号 Combiner，general symbol（表示两路混合器，信息流从左到右）	
21	TV	TV	电视插座 Television socket	平面图、系统图

表 2-5　　　　　　　　　　　　　广播系统图样的常用图形符号

序号	常用图形符号	说　明	应用类别
1		传声器，一般符号 Microphone，general symbol	系统图、平面图
2	注1	扬声器，一般符号 Loudspeaker，general symbol	
3		嵌入式安装扬声器箱 Flush-type loudspeaker box	平面图
4	注1	扬声器箱、音箱、声柱 Loudspeaker box	
5		号筒式扬声器 Horn	系统图、平面图
6		调谐器、无线电接收机　Tuner；radio receiver	接线图、平面图、总平面图、系统图
7	注2	放大器，一般符号　Amplifier，general symbol	
8	M	传声器插座 Microphone socket	平面图、总平面图、系统图

注：1　当扬声器箱、音箱、声柱需要区分不同的安装形式时，宜在符号旁标注下列字母：C—吸顶式安装；R—嵌入式安装；W—壁挂式安装。

　　　2　当放大器需要区分不同类型时，宜在符号旁标注下列字母：A—扩大机；PRA—前置放大器；AP—功率放大器。

表 2-6 安全技术防范系统图样的常用图形符号

序号	常用图形符号		说　明	应用类别
	形式 1	形式 2		
1			摄像机 Camera	
2			彩色摄像机 Color camera	
3			彩色转黑白摄像机 Color to black and white camera	
4			带云台的摄像机 Camera with pan/tilt unit	
5	OH		有室外防护罩的摄像机 Camera with outdoor protective cover	
6	IP		网络（数字）摄像机 Network camera	
7	IR		红外摄像机 Infrared camera	
8	IR		红外带照明灯摄像机 Infrared camera with light	
9	H		半球形摄像机 Hemispherical camera	
10	R		全球摄像机 Spherical camera	平面图、系统图
11			监视器 Monitor	
12			彩色监视器 Color monitor	
13			读卡器 Card reader	
14	KP		键盘读卡器 Card reader with keypad	
15			保安巡查打卡器 Guard tour station	
16			紧急脚挑开关 Deliberately-operated device（foot）	
17			紧急按钮开关 Deliberately-operated device（manual）	
18			门磁开关 Magnetically operated protective switch	
19			玻璃破碎探测器 Glass-break detector（surface contact）	

序号	常用图形符号		说　　明	应用类别
	形式1	形式2		
20			振动探测器 Vibration detector（structural or inertia）	
21			被动红外入侵探测器 Passive infrared intrusion detector	
22			微波入侵探测器 Microwave intrusion detector	
23			被动红外/微波双技术探测器 IR/M dual-technology detector	
24			主动红外探测器 Active infrared intrusion detector（发射、接收分别为 Tx、Rx）	
25			遮挡式微波探测器 Microwave fence detector	
26			埋入线电场扰动探测器 Buried line field disturbance detector	
27			弯曲或振动电缆探测器 Flex or shock sensive cable detector	
28			激光探测器 Laser detector	
29			对讲系统主机 Main control module for flat intercom electrical control system	平面图、系统图
30			对讲电话分机 Interphone handset	
31			可视对讲机 Video entry security intercom	
32			可视对讲户外机 Video intercom outdoor unit	
33			指纹识别器 Finger print verifier	
34			磁力锁 Magnetic lock	
35			电锁按键 Button for electro-mechanic lock	
36			电控锁 Electro-mechanical lock	
37			投影机 Projector	

表 2-7 建筑设备监控系统图样的常用图形符号

序号	常用图形符号		说 明	应用类别
	形式 1	形式 2		
1	T		温度传感器 Temperature transmitter	
2	P		压力传感器 Pressure transmitter	
3	M	H	湿度传感器 Humidity transmitter	
4	PD	ΔP	压差传感器 Differential pressure transmitter	
5	GE ∗		流量测量元件（∗为位号）Measuring component, flowrate	
6	GT ∗		流量变送器（∗为位号）Transducer, flowrate	
7	LT ∗		液位变送器（∗为位号）Transducer, level	
8	PT ∗		压力变送器（∗为位号）Transducer, pressure	
9	TT ∗		温度变送器（∗为位号）Transducer, temperature	电路图、平面图、系统图
10	MT ∗	HT ∗	湿度变送器（∗为位号）Transducer, humidity	
11	GT ∗		位置变送器（∗为位号）Transducer, position	
12	ST ∗		速率变送器（∗为位号）Transducer, speed	
13	PDT ∗	ΔPT ∗	压差变送器（∗为位号）Transducer, differential pressure	
14	IT ∗		电流变送器（∗为位号）Transducer, current	
15	UT ∗		电压变送器（∗为位号）Transducer, voltage	
16	ET ∗		电能变送器（∗为位号）Transducer, electric energy	
17	A/D		模拟/数字变换器 Converter, A/D	

续表

序号	常用图形符号		说　明	应用类别
	形式1	形式2		
18		D/A	数字/模拟变换器 Converter，D/A	
19		HM	热能表 Heat meter	
20		GM	燃气表 Gas meter	
21		WM	水表 Water meter	电路图、平面图、系统图
22		Ⓜ︎▷◁	电动阀 Electrical valve	
23		Ⓜ▷◁	电磁阀 Solenoid valve	

表 2-8　　　　　　　　　　　　　图样中的电气线路线型符号

序号	线型符号		说　明
	形式1	形式2	
1	——S——	——S——	信号线路
2	——C——	——C——	控制线路
3	——EL——	——EL——	应急照明线路
4	——PE——	——PE——	保护接地线
5	——E——	——E——	接地线
6	——LP——	——LP——	接闪线、接闪带、接闪网
7	——TP——	——TP——	电话线路
8	——TD——	——TD——	数据线路
9	——TV——	——TV——	有线电视线路
10	——BC——	——BC——	广播线路
11	——V——	——V——	视频线路
12	——GCS——	——GCS——	综合布线系统线路
13	——F——	——F——	消防电话线路
14	——D——	——D——	50V 以下的电源线路
15	——DC——	——DC——	直流电源线路
16		——⊶——	光缆，一般符号

表 2-9 电气设备的标注方式

序号	标注方式	说　明
1	$\dfrac{a}{b}$	用电设备标注 a—参照代号 b—额定容量（kW 或 kVA）
2	—a+b/c　注 1	系统图电气箱（柜、屏）标注 a—参照代号 b—位置信息 c—型号
3	—a　注 1	平面图电气箱（柜、屏）标注 a—参照代号
4	a b/c d	照明、安全、控制变压器标注 a—参照代号 b/c——次电压/二次电压 d—额定容量
5	$a—b\dfrac{c \times d \times L}{e}f$　注 2	灯具标注 a—数量 b—型号 c—每盏灯具的光源数量 d—光源安装容量 e—安装高度（m） "—"表示吸顶安装 L—光源种类，参见表 4.1.2 注 5 f—安装方式，参见表 4.2.1-3
6	$\dfrac{a \times b}{c}$	电缆梯架、托盘和槽盒标注 a—宽度（mm） b—高度（mm） c—安装高度（m）
7	a/b/c	光缆标注 a—型号 b—光纤芯数 c—长度
8	a b—c（d×e+f×g） i—jh　注 3	线缆的标注 a—参照代号 b—型号 c—电缆根数 d—相导体根数 e—相导体截面（mm²） f—N、PE 导体根数 g—N、PE 导体截面（mm²） i—敷设方式和管径（mm），参见表 4.2.1-1 j—敷设部位，参见表 4.2.1-2 h—安装高度（m）

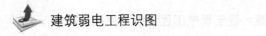

序号	标注方式	说　明
9	a—b（c×2×d）e—f	电话线缆的标注 a—参照代号 b—型号 c—导体对数 d—导体直径（mm） e—敷设方式和管径（mm），参见表4.2.1-1 f—敷设部位，参见表4.2.1-2

注：1　前缀"—"在不会引起混淆时可省略。
　　2　当电源线缆N和PE分开标注时，应先标注N后标注PE（线缆规格中的电压值在不会引起混淆时可省略）。

表 2-10　　　　　　　　　　　线缆敷设方式标注的文字符号

序号	名　称	文字符号	英文名称
1	穿低压流体输送用焊接钢管（钢导管）敷设	SC	Run in welded steel conduit
2	穿普通碳素钢电线套管敷设	MT	Run in electrical metallic tubing
3	穿可挠金属电线保护套管敷设	CP	Run in flexible metal trough
4	穿硬塑料导管敷设	PC	Run in rigid PVC conduit
5	穿阻燃半硬塑料导管敷设	FPC	Run in flame retardant semiflexible PVC conduit
6	穿塑料波纹电线管敷设	KPC	Run in corrugated PVC conduit
7	电缆托盘敷设	CT	Installed in cable tray
8	电缆梯架敷设	CL	Installed in cable ladder
9	金属槽盒敷设	MR	Installed in metallic trunking
10	塑料槽盒敷设	PR	Installed in PVC trunking
11	钢索敷设	M	Supported by messenger wire
12	直埋敷设	DB	Direct burying
13	电缆沟敷设	TC	Installed in cable trough
14	电缆排管敷设	CE	Installed in concrete encasement

表 2-11　　　　　　　　　　　线缆敷设部位标注的文字符号

字号	名　称	文字符号	英文名称
1	沿或跨梁（屋架）敷设	AB	Along or across beam
2	沿或跨柱敷设	AC	Along or across column
3	沿吊顶或顶板面敷设	CE	Along ceiling or slab surface

字号	名　　称	文字符号	英文名称
4	吊顶内敷设	SCE	Recessed in ceiling
5	沿墙面敷设	WS	On wall surface
6	沿屋面敷设	RS	On roof surface
7	暗敷设在顶板内	CC	Concealed in ceiling or slab
8	暗敷设在梁内	BC	Concealed in beam
9	暗敷设在柱内	CLC	Concealed in column
10	暗敷设在墙内	WC	Concealed in wall
11	暗敷设在地板或地面下	FC	In floor or ground

表 2-12　　　　　　　　灯具安装方式标注的文字符号

序号	名　　称	文字符号	英文名称
1	线吊式	SW	Wire suspension type
2	链吊式	CS	Catenary suspension type
3	管吊式	DS	Conduit suspension type
4	壁装式	W	Wall mounted type
5	吸顶式	C	Ceiling mounted type
6	嵌入式	R	Flush type
7	吊顶内安装	CR	Recessed in ceiling
8	墙壁内安装	WR	Recessed in wall
9	支架上安装	S	Mounted on support
10	柱上安装	CL	Mounted on column
11	座装	HM	Holder mounting

表 2-13　　　　　　　　供配电系统设计文件标注的文字符号

序号	文字符号	名　　称	单位	英文名称
1	U_n	系统标称电压，线电压（有效值）	V	Nominal system voltage
2	U_r	设备的额定电压，线电压（有效值）	V	Rated voltage of equipment
3	I_r	额定电流	A	Rated current
4	f	频率	Hz	Frequency

序号	文字符号	名　称	单位	英文名称
5	P_r	额定功率	kW	Rated power
6	P_n	设备安装功率	kW	Installed capacity
7	P_c	计算有功功率	kW	Calculate active power
8	Q_c	计算无功功率	kvar	Calculate reactive power
9	S_c	计算视在功率	kVA	Calculate apparent power
10	S_r	额定视在功率	kVA	Rated apparent power
11	I_c	计算电流	A	Calculate current
12	I_{st}	启动电流	A	Starting current
13	I_p	尖峰电流	A	Peak current
14	I_s	整定电流	A	Setting value of a current
15	I_k	稳态短路电流	kA	Steady-state short-circuit current
16	$\cos\varphi$	功率因数	—	Power factor
17	u_{kr}	阻抗电压	%	Impedance voltage
18	i_p	短路电流峰值	kA	Peak short-circuit current
19	S''_{KQ}	短路容量	MVA	Short-circuit power
20	K_d	需要系数	—	Demand factor

表 2-14　　　　　　　　　设备端子和导体的标志和标识

序号	导　体		文字符号	
			设备端子标志	导体和导体终端标识
1	交流导体	第1线	U	L1
		第2线	V	L2
		第3线	W	L3
		中性导体	N	N
2	直流导体	正极	+或C	L+
		负极	−或D	L−
		中间点导体	M	M
3	保护导体		PE	PE
4	PEN 导体		PEN	PEN

表 2-15 电气设备常用参照代号的字母代码

项目种类	设备、装置和元件名称	参照代号的字母代码	
		主类代码	含子类代码
两种或两种以上的用途或任务	35kV 开关柜	A	AH
	20kV 开关柜		AJ
	10kV 开关柜		AK
	6kV 开关柜		—
	低压配电柜		AN
	并联电容器箱（柜、屏）		ACC
	直流配电箱（柜、屏）		AD
	保护箱（柜、屏）		AR
	电能计量箱（柜、屏）		AM
	信号箱（柜、屏）		AS
	电源自动切换箱（柜、屏）		AT
	动力配电箱（柜、屏）		AP
	应急动力配电箱（柜、屏）		APE
	控制、操作箱（柜、屏）		AC
	励磁箱（柜、屏）		AE
	照明配电箱（柜、屏）		AL
	应急照明配电箱（柜、屏）		ALE
	电能表箱（柜、屏）		AW
	弱电系统设备箱（柜、屏）		—
把某一输入变量（物理性质、条件或事件）转换为供进一步处理的信号	热过载继电器	B	BB
	保护继电器		BB
	电流互感器		BE
	电压互感器		BE
	测量继电器		BE
	测量电阻（分流）		BE
	测量变送器		BE
	气表、水表		BF
	差压传感器		BF
	流量传感器		BF
	接近开关、位置开关		BG
	接近传感器		BG
	时钟、计时器		BK
	湿度计、湿度测量传感器		BM
	压力传感器		BP
	烟雾（感烟）探测器		BR

项目种类	设备、装置和元件名称	参照代号的字母代码	
		主类代码	含子类代码
把某一输入变量（物理性质、条件或事件）转换为供进一步处理的信号	感光（火焰）探测器	B	BR
	光电池		BR
	速度计、转速计		BS
	速度变换器		BS
	温度传感器、温度计		BT
	麦克风		BX
	视频摄像机		BX
	火灾探测器		
	气体探测器		—
	测量变换器		
	位置测量传感器		BG
	液位测量传感器		BL
材料、能量或信号的存储	电容器	C	CA
	线圈		CB
	硬盘		CF
	存储器		CF
	磁带记录仪、磁带机		CF
	录像机		CF
提供辐射能或热能	白炽灯、荧光灯	E	EA
	紫外灯		EA
	电炉、电暖炉		EB
	电热、电热丝		EB
	灯、灯泡		
	激光器		
	发光设备		—
	辐射器		
直接防止（自动）能量流、信息流、人身或设备发生危险的或意外的情况，包括用于防护的系统和设备	热过载释放器	F	FD
	熔断器		FA
	安全栅		FC
	电涌保护器		FC
	接闪器		FE
	接闪杆		FE
	保护阳极（阴极）		FR

项目种类	设备、装置和元件名称	参照代号的字母代码	
		主类代码	含子类代码
启动能量流或材料流，产生用作信息载体或参考源的信号。生产一种新能量、材料或产品	发电机	G	GA
	直流发电机		GA
	电动发电机组		GA
	柴油发电机组		GA
	蓄电池、干电池		GB
	燃料电池		GB
	太阳能电池		GC
	信号发生器		GF
	不间断电源		GU
处理（接收、加工和提供）信号或信息（用于防护的物体除外，见 F 类）	继电器	K	KF
	时间继电器		KF
	控制器（电、电子）		KF
	输入、输出模块		KF
	接收机		KF
	发射机		KF
	光耦器		KF
	控制器（光、声学）		KG
	阀门控制器		KH
	瞬时接触继电器		KA
	电流继电器		KC
	电压继电器		KV
	信号继电器		KS
	瓦斯保护继电器		KB
	压力继电器		KPR
提供驱动用机械能（旋转或线性机械运动）	电动机	M	MA
	直线电动机		MA
	电磁驱动		MB
	励磁线圈		MB
	执行器		ML
	弹簧储能装置		ML

续表

项目种类	设备、装置和元件名称	参照代号的字母代码	
		主类代码	含子类代码
提供信息	打印机	P	PF
	录音机		PF
	电压表		PV
	告警灯、信号灯		PG
	监视器、显示器		PG
	LED（发光二极管）		PG
	铃、钟		PB
	计量表		PG
	电流表		PA
	电能表		PJ
	时钟、操作时间表		PT
	无功电能表		PJR
	最大需用量表		PM
	有功功率表		PW
	功率因数表		PPF
	无功电流表		PAR
	（脉冲）计数器		PC
	记录仪器		PS
	频率表		PF
	相位表		PPA
	转速表		PT
	同位指示器		PS
	无色信号灯		PG
	白色信号灯		PGW
	红色信号灯		PGR
	绿色信号灯		PGG
	黄色信号灯		PGY
	显示器		PC
	温度计、液位计		PG

项目种类	设备、装置和元件名称	参照代号的字母代码	
		主类代码	含子类代码
受控切换或改变能量流、信号流或材料流（对于控制电路中的信号，见 K 类和 S 类）	断路器	Q	QA
	接触器		QAC
	晶闸管、电动机启动器		QA
	隔离器、隔离开关		QB
	熔断器式隔离器		QB
	熔断器式隔离开关		QB
	接地开关		QC
	旁路断路器		QD
	电源转换开关		QCS
	剩余电流保护断路器		QR
	软启动器		QAS
	综合启动器		QCS
	星—三角启动器		QSD
	自耦降压启动器		QTS
	转子变阻式启动器		QRS
限制或稳定能量、信息或材料的运动或流动	电阻器、二极管	R	RA
	电抗线圈		RA
	滤波器、均衡器		RF
	电磁锁		RL
	限流器		RN
	电感器		—
把手动操作转变为进一步处理的特定信号	控制开关	S	SF
	按钮开关		SF
	多位开关（选择开关）		SAC
	启动按钮		SF
	停止按钮		SS
	复位按钮		SR
	试验按钮		ST
	电压表切换开关		SV
	电流表切换开关		SA

项目种类	设备、装置和元件名称	参照代号的字母代码	
		主类代码	含子类代码
保持能量性质不变的能量变换，已建立的信号保持信息内容不变的变换，材料形态或形状的变换	变频器、频率转换器	T	TA
	电力变压器		TA
	DC/DC 转换器		TA
	整流器、AC/DC 变换器		TB
	天线、放大器		TF
	调制器、解调器		TF
	隔离变压器		TF
	控制变压器		TC
	整流变压器		TR
	照明变压器		TL
	有载调压变压器		TLC
	自耦变压器		TT
保护物体在一定的位置	支柱绝缘子	U	UB
	强电梯架、托盘和槽盒		UB
	绝缘子		UB
	弱电梯架、托盘和槽盒		UG
	绝缘子		—
从一地到另一地导引或输送能量、信号、材料或产品	高压母线、母线槽	W	WA
	高压配电线缆		WB
	低压母线、母线槽		WC
	低压配电线缆		WD
	数据总线		WF
	控制电缆、测量电缆		WG
	光缆、光纤		WH
	信号线路		WS
	电力（动力）线路		WP
	照明线路		WL
	应急电力（动力）线路		WPE
	应急照明线路		WLE
	滑触线		WT

续表

项目种类	设备、装置和元件名称	参照代号的字母代码	
		主类代码	含子类代码
连接物	高压端子、接线盒	X	XB
	高压电缆头		XB
	低压端子、端子板		XD
	过路接线盒、接线端子箱		XD
	低压电缆头		XD
	插座、插座箱		XD
	接地端子、屏蔽接地端子		XE
	信号分配器		XG
	信号插头连接器		XG
	（光学）信号连接		XH
	连接器		—
	插头		

表 2-16 常用辅助文字符号

序号	文字符号	中文名称	英文名称
1	A	电流	Current
2	A	模拟	Analog
3	AC	交流	Alternating current
4	A、AUT	自动	Automatic
5	ACC	加速	Accelerating
6	ADD	附加	Add
7	ADJ	可调	Adjustability
8	AUX	辅助	Auxiliary
9	ASY	异步	Asynchronizing
10	B、BRK	制动	Braking
11	BC	广播	Broadcast
12	BK	黑	Black
13	BU	蓝	Blue
14	BW	向后	Backward
15	C	控制	Control
16	CCW	逆时针	Counter clockwise
17	CD	操作台（独立）	Control desk（independent）
18	CO	切换	Change over

序号	文字符号	中文名称	英文名称
19	CW	顺时针	Clockwise
20	D	延时、延迟	Delay
21	D	差动	Differential
22	D	数字	Digital
23	D	降	Down, Lower
24	DC	直流	Direct current
25	DCD	解调	Demodulation
26	DEC	减	Decrease
27	DP	调度	Dispatch
28	DR	方向	Direction
29	DS	失步	Desynchronize
30	E	接地	Earthing
31	EC	编码	Encode
32	EM	紧急	Emergency
33	EMS	发射	Emission
34	EX	防爆	Explosion proof
35	F	快速	Fast
36	FA	事故	Failure
37	FB	反馈	Feedback
38	FM	调频	Frequency modulation
39	FW	正、向前	Forward
40	FX	固定	Fix
41	G	气体	Gas
42	GN	绿	Green
43	H	高	High
44	HH	最高（较高）	Highest（higher）
45	HH	手孔	Handhole
46	HV	高压	High voltage
47	IN	输入	Input
48	INC	增	Increase
49	IND	感应	Induction
50	L	左	Left
51	L	限制	Limiting

续表

序号	文字符号	中文名称	英文名称
52	L	低	Low
53	LL	最低（较低）	Lowest（lower）
54	LA	闭锁	Latching
55	M	主	Main
56	M	中	Medium
57	M、MAN	手动	Manual
58	MAX	最大	Maximum
59	MIN	最小	Minimum
60	MC	微波	Microwave
61	MD	调制	Modulation
62	MH	人孔（人井）	Manhole
63	MN	监听	Monitoring
64	MO	瞬间（时）	Moment
65	MUX	多路复用的限定符号	Multiplex
66	NR	正常	Normal
67	OFF	断开	Open，Off
68	ON	闭合	Close，On
69	OUT	输出	Output
70	O/E	光电转换器	Optics/Electric transducer
71	P	压力	Pressure
72	P	保护	Protection
73	PL	脉冲	Pulse
74	PM	调相	Phase modulation
75	PO	并机	Parallel operation
76	PR	参量	Parameter
77	R	记录	Recording
78	R	右	Right
79	R	反	Reverse
80	RD	红	Red
81	RES	备用	Reservation
82	R、RST	复位	Reset
83	RTD	热电阻	Resistance temperature detector
84	RUN	运转	Run

序号	文字符号	中文名称	英文名称
85	S	信号	Signal
86	ST	启动	Start
87	S、SET	置位、定位	Setting
88	SAT	饱和	Saturate
89	STE	步进	Stepping
90	STP	停止	Stop
91	SYN	同步	Synchronizing
92	SY	整步	Synchronize
93	SP	设定点	Set-point
94	T	温度	Temperature
95	T	时间	Time
96	T	力矩	Torque
97	TM	发送	Transmit
98	U	升	Up
99	UPS	不间断电源	Uninterruptable power supplies
100	V	真空	Vacuum
101	V	速度	Velocity
102	V	电压	Voltage
103	VR	可变	Variable
104	WH	白	White
105	YE	黄	Yellow

表 2-17　　　　　　　　　　强电设备辅助文字符号

强电	文字符号	中文名称	英文名称
1	DB	配电屏（箱）	Distribution board（box）
2	UPS	不间断电源装置（箱）	Uninterrupted power supply board（box）
3	EPS	应急电源装置（箱）	Electric power storage supply board（box）
4	MEB	总等电位端子箱	Main equipotential terminal box
5	LEB	局部等电位端子箱	Local equipotential terminal box
6	SB	信号箱	Signal box
7	TB	电源切换箱	Power supply switchover box
8	PB	动力配电箱	Electric distribution box
9	EPB	应急动力配电箱	Emergency electric power box

续表

强电	文字符号	中文名称	英文名称
10	CB	控制箱、操作箱	Control box
11	LB	照明配电箱	Lighting distribution box
12	ELB	应急照明配电箱	Emergency lighting board（box）
13	WB	电能表箱	Kilowatt-hour meter board（box）
14	IB	仪表箱	Instrument box
15	MS	电动机启动器	Motor starter
16	SDS	星—三角启动器	Star-delta starter
17	SAT	自耦降压启动器	Starter with auto-transformer
18	ST	软启动器	Starter-regulator with thyristors
19	HDR	烘手器	Hand drying

表 2-18 弱电设备辅助文字符号

弱电	文字符号	中文名称	英文名称
1	DDC	直接数字控制器	Direct digital controller
2	BAS	建筑设备监控系统设备箱	Building automation system equipment box
3	BC	广播系统设备箱	Broadcasting system equipment box
4	CF	会议系统设备箱	Conference system equipment box
5	SC	安防系统设备箱	Security system equipment box
6	NT	网络系统设备箱	Network system equipment box
7	TP	电话系统设备箱	Telephone system equipment box
8	TV	电视系统设备箱	Television system equipment box
9	HD	家居配线箱	House tele-distributor
10	HC	家居控制器	House controller
11	HE	家居配电箱	House Electrical distribution
12	DEC	解码器	Decoder
13	VS	视频服务器	Video frequency server
14	KY	操作键盘	keyboard
15	STB	机顶盒	Set top box
16	VAD	音量调节器	Volume adjuster
17	DC	门禁控制器	Door control
18	VD	视频分配器	Video amplifier distributor
19	VS	视频顺序切换器	Sequential video switch
20	VA	视频补偿器	Video compensator

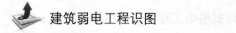

弱电	文字符号	中文名称	英文名称
21	TG	时间信号发生器	Time-date generator
22	CPU	计算机	Computer
23	DVR	数字硬盘录像机	Digital video recorder
24	DEM	解调器	Demodulator
25	MO	调制器	Modulator
26	MOD	调制解调器	Modem

表 2-19　　　　　　　　　　信 号 灯 的 颜 色 标 识

名　　称	颜 色 标 识	
状　　态	颜　　色	备　　注
危险指示	红色（RD）	—
事故跳闸		
重要的服务系统停机		
起重机停止位置超行程		
辅助系统的压力/温度超出安全极限		
警告指示	黄色（YE）	
高温报警		
过负荷		
异常指示		
安全指示	绿色（GN）	核准继续运行
正常指示		
正常分闸（停机）指示		设备在安全状态
弹簧储能完毕指示		
电动机降压启动过程指示	蓝色（BU）	
开关的合（分）或运行指示	白色（WH）	单灯指示开关运行状态；双灯指示开关合时运行状态

表 2-20　　　　　　　　　　按 钮 的 颜 色 标 识

名　　称	颜 色 标 识
紧停按钮	红色（RD）
正常停和紧停合用按钮	
危险状态或紧急指令	
合闸（开机）（启动）按钮	绿色（GN）、白色（WH）
分闸（停机）按钮	红色（RD）、黑色（BK）
电动机降压启动结束按钮	白色（WH）
复位按钮	

名　　称	颜 色 标 识
弹簧储能按钮	蓝色（BU）
异常、故障状态	黄色（YE）
安全状态	绿色（GN）

表 2-21　　　　　　　　　　　导 体 的 颜 色 标 识

导体名称	颜 色 标 识
交流导体的第 1 线	黄色（YE）
交流导体的第 2 线	绿色（GN）
交流导体的第 3 线	红色（RD）
中性导体 N	淡蓝色（BU）
保护导体 PE	绿/黄双色（GNYE）
PEN 导体	全长绿/黄双色（GNYE），终端另用淡蓝色（BU）标志或全长淡蓝色（BU），终端另用绿/黄双色（GNYE）标志
直流导体的正极	棕色（BN）
直流导体的负极	蓝色（BU）
直流导体的中间点导体	淡蓝色（BU）

第二节　建筑弱电系统其他符号

一、建筑弱电工程图的文字符号

建筑弱电工程图的文字符号分为基本文字符号和辅助文字符号两种。一般标注在弱电设备、装置、元器件图形符号上或其近旁，以表明弱电设备、装置和元器件的名称、功能、状态和特征。

1. 基本文字符号

基本文字符号分用单字母或多字母表示。用单字母或多字母表示各种电气设备、装置和元器件，如 HUB 表示集线器、FCS 表示火灾事故广播联动控制信号源。

2. 辅助文字符号

辅助文字符号用以表示电气设备、装置和元器件以及线路的功能、状态和特征。如 ON 表示开关闭合，RD 表示红色信号灯等。辅助文字符号也可放在表示种类的单字母符号后边，组合成双字母符号。

3. 补充文字符号

如果基本文字符号和辅助文字符号不够使用，还可进行补充。当区别电路图中相同设备或电器元件时，可使用数字序号进行编号，如"TV1"表示 1 号有线电视信号终端、"TO2"表示 2 号数据终端等。

二、弱电设备及线路的标注方法

弱电工程图中常用一些文字（包括汉语拼音字母、英文）和数字按照一定的格式书写，来表示弱电设备及线路的规格型号、标号、数量、安装方式、标高及位置等。这些标注方法在实际工程中用途很大，弱电设备及线路的标注方法必须熟练掌握。表 2-22 为线路敷设方式标注，表 2-23 为导线敷设部位标注，表 2-24 为线缆类型标注。

表 2-22　　　　　　　　　　　线 路 敷 设 方 式 标 注

符号	敷设方式	符号	敷设方式
SC	穿焊接钢管敷设	KPC	穿塑料波纹电线管敷设
PC	穿硬塑料管敷设	DB	直接埋设
CT	电缆桥架敷设	MT	穿电线管敷设
PR	塑料线槽敷设	FPC	穿阻燃半硬聚氯乙烯管敷设
MR	金属线槽敷设	CP	穿金属软管敷设
M	用钢索敷设	TC	电缆沟敷设

表 2-23　　　　　　　　　　　导 线 敷 设 部 位 标 注

符号	敷设部位	符号	敷设部位
AB	沿或跨梁敷设	CE	沿天棚或顶板面敷设
BC	暗敷在梁内	CC	暗敷设在屋面或顶板内
AC	沿或跨柱敷设	SCE	吊顶内敷设
CLE	沿柱敷设	FC	地板或地面下敷设
WE	沿墙面敷设	SR	沿钢索敷设
WC	暗敷设在墙内		

表 2-24　　　　　　　　　　　线 缆 类 型 标 注

符　　号	线　缆　类　型
RV	铜芯聚氯乙烯绝缘连接软电缆（电线）
RVB	铜芯聚氯乙烯绝缘平形连接软电线
RVS	铜芯聚氯乙烯绝缘绞形连接软电线
RVV	铜芯聚氯乙烯绝缘聚氯乙烯护套圆形连接软电缆
RVVB	铜芯聚氯乙烯绝缘聚氯乙烯护套平形连接软电缆
RV-105	铜芯耐热 105℃聚氯乙烯绝缘连接软电线
RG	物理发泡聚乙烯绝缘电缆
SYKV（Y）	聚乙烯藕状射频同轴电缆
SYWV（Y）	物理发泡射频电缆
SYV	实芯聚乙烯绝缘射频同轴电缆
UTP	非屏蔽双绞线
HSYV	非屏蔽数字水平对绞电缆

在弱电系统图中，标注通常以字母数字组合方式给出，下面结合实例，对标注含义进行介绍。

（1）消防系统中 ZR-RVS2×1.5 的含义：ZR—阻燃；RVS—铜芯聚氯乙烯绝缘绞形连接用软电线、对绞多股软线，简称双绞线，俗称麻花线；R—软线；V—聚氯乙烯（绝缘体）；S—双绞线；2×1.5—2 根线径为 1.5mm^2，这种线多用于消防火灾自动报警系统的探测器线路。

（2）有线电视系统中 SYV-75-5-SC15 的含义：SYV—视频线；75—阻抗为 75Ω；5—线材的粗细（mm）；SC15—直径为 15mm 的镀锌钢管。SYV-75-5-1（A、B、C）：S—射频；Y—聚乙烯绝缘；V—聚氯乙烯护套；A—64 编；B—96 编；C—128 编。

（3）UTP-6+HPV-2×2×0.5-SC20 的含义：6 类非屏蔽双绞线和 2 根两芯 0.5mm^2 的电话线穿钢管，穿直径是 20mm 的钢管。

（4）HSYV-5 的含义：4 对 5 类非屏蔽数字水平对绞电缆。HSYV-5E 的含义：超 5 类非屏蔽数字水平对绞电缆。

第三章 建筑电气识图方法简介

一、建筑电气工程图的特点

（1）建筑电气工程图大多采用统一的图形符号，并加注文字符号绘制。

（2）阅读电气工程图的主要目的是用来编制工程预算和施工方案。

（3）建筑电气工程施工往往与主体工程及其他安装工程施工配合进行，识读时应将电气工程图与有关土建工程图、管道工程图等对应起来阅读。

（4）图上任何电路都是构成回路的。电路应包括电源、用电设备、导线和开关控制设备组成部分。

（5）电路的电气设备和元件都是通过导线连接起来的，导线可长可短，能够比较方便地跨越较远的距离。

二、建筑电气工程图的识读方法

（1）了解有关电气图的标准。

（2）学会查阅有关电气装置标准图集。

（3）熟悉各种图形符号、文字符号、项目代号等，理解其内容、含义和相互关系。

（4）掌握各类电气工程图的特点，并将有关图纸对应起来阅读。

（5）看懂建筑施工图。

三、建筑弱电工程图的识读一般步骤

1. 标题栏和图纸目录的识读

了解工程名称、项目内容、设计日期等。

2. 设计说明的识读

了解工程总体概况及设计依据，了解图纸中未能表达清楚的有关事项，如线路敷设方式、设备安装方式、补充使用的非国标图形符号、施工时应注意的事项等。有些分项局部问题是在各分项工程的图纸上说明的，看分项工程图纸时，也要先看设计说明。

3. 弱电系统图的识图

各分项图纸中都包含系统图，如消防系统图、安防系统图、有线电视系统图以及其他弱电工程的系统图等。看系统图的目的是了解系统的基本组成，主要电气设备、元件等的连接关系及它们的规格、型号、参数等，掌握该系统的基本情况。

4. 电路图和接线图的识图

了解系统中弱电设备的自动控制原理，用来指导设备的安装和控制系统的调试。因为电路多是采用功能布局法绘制的，看图时应该根据功能关系从上至下或从左至右逐个回路阅读，在进行控制系统的配线和调试工作中，还可以配合阅读接线图进行。

5. 平面布置图的识图

了解平面图上用来表示设备安装位置、线路敷设部位、敷设方法及所用电缆导线型号、规格、数量、管径大小的，是安装施工、编制工程预算的主要依据图纸，必须熟读。

6. 安装接线图的识图

安装接线图是按照机械制图方法绘制的用来详细表示设备安装方法的图纸，也是用来指导施工和编制工程材料计划的重要图纸。

7. 设备材料表的识读

设备材料表是提供该工程所使用的设备、材料的型号、规格和数量，编制购置主要设备、材料计划的重要依据之一。

实际读图时可根据需要，灵活掌握，并有所侧重，在识读方法上，可采取先粗读、后细读、再精读的步骤。

四、弱电系统图示例

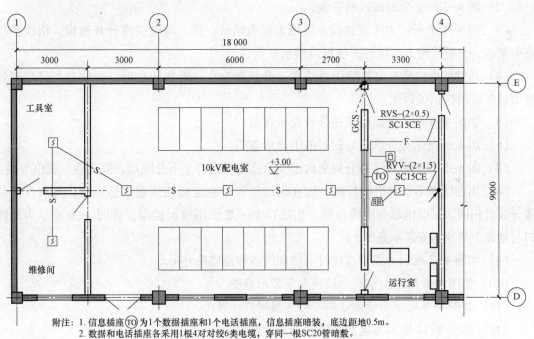

附注：1. 信息插座 TO 为1个数据插座和1个电话插座，信息插座暗装，底边距地0.5m。
　　　2. 数据和电话插座各采用1根4对对绞6类电缆，穿同一根SC20管暗敷。

二层弱电平面图 1:100

图 3-1　弱电系统图示例（平面图）

第四章 建筑弱电工程导线敷设图

第一节 弱电工程导线敷设图识读

一、穿封闭式钢线槽敷设

（1）图4-1所示为地面线槽安装工艺。

（2）图4-2所示为地面线槽安装。

（3）图4-1中所示为线槽敷设，线槽为弱电线槽。强、弱电线槽分开敷设。钢线槽用支架架起，调整线槽上的螺钉，使得线槽水平。

（4）通常线槽的分支位置使用分线盒，分线盒为八边形和四边形，分线盒上可以安装地面插座或用标识盖封死。

（5）如图4-3所示为地面线槽分线盒示意图。

（6）图4-4所示为分线盒与封盖的组合示意图。

（7）图4-5所示为双线槽分线盒内走线示意图，设有上下分隔层，隔离强、弱电导线。

（8）当钢线槽不带有出线口时，应在出线位置中装地面接线盒或插座盒，安装方法与接分线盒相同。钢线槽带有出线口时，出线口上一般使用地面插座。如图4-6所示为出线口与地面上插座的安装示意图。

（9）如图4-7所示为线槽连接时所使用的各种连接头外形。

（10）如图4-8所示为钢管与接线盒安装示意图。

（11）如图4-9所示为地面线槽变径连接附件示意图。

（12）如图4-10所示为地面线槽终端头示意图。

（13）如图4-11所示为地面内线槽安装示意图。

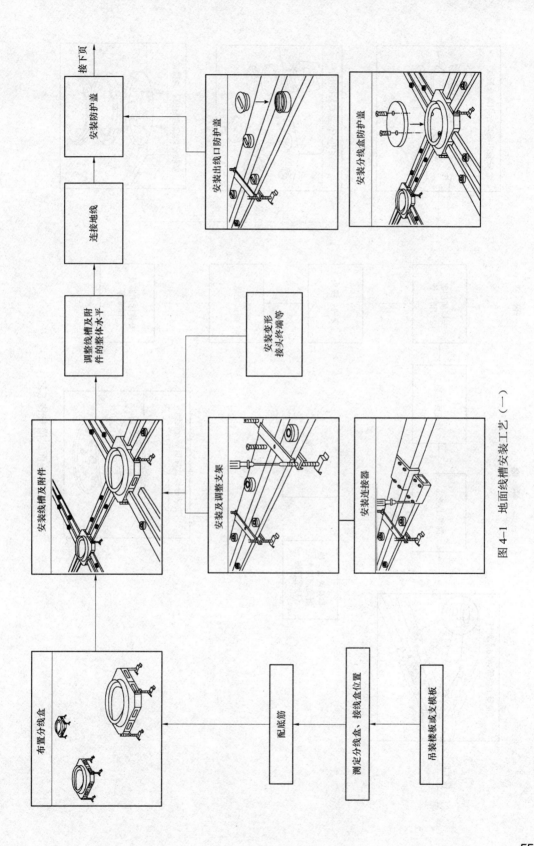

图 4-1　地面线槽安装工艺 (一)

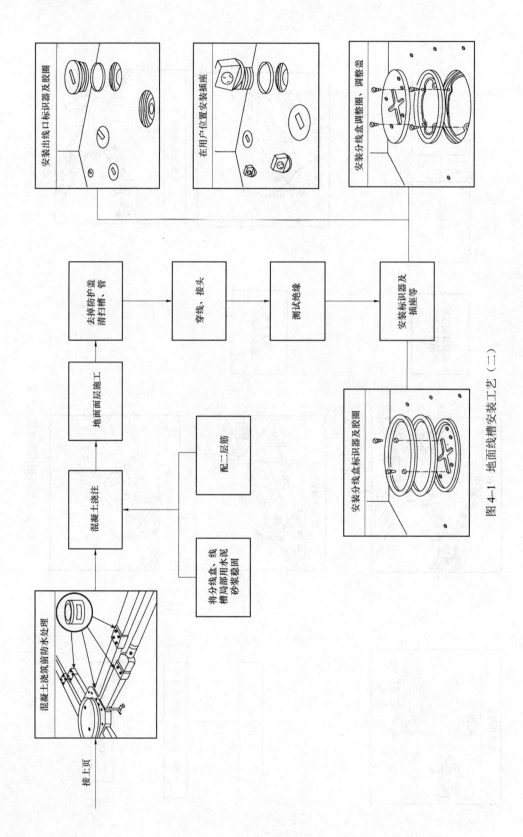

图 4-1 地面线槽安装工艺（二）

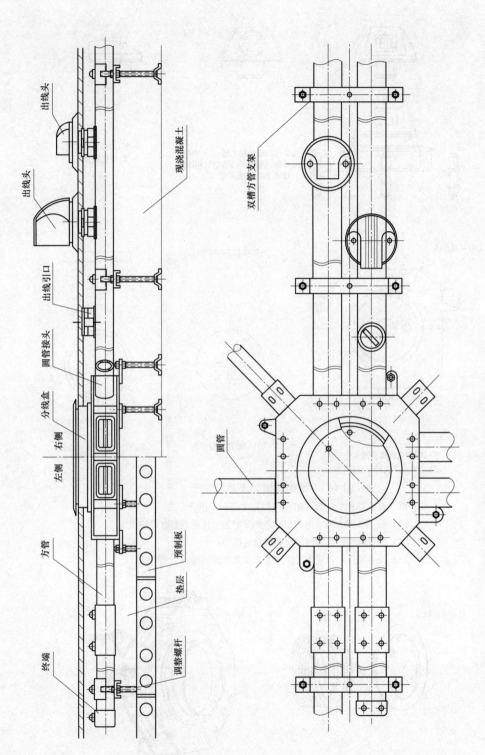

图 4-2　地面线槽安装图

注：施工条件——主视图左侧为预制板+垫层，右侧为现浇混凝土。

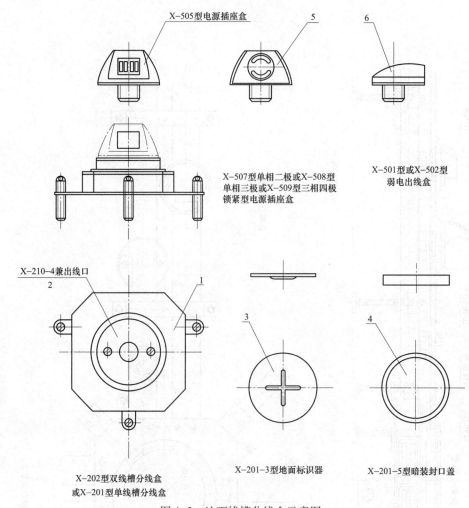

X-505型电源插座盒

X-507型单相二极或X-508型
单相三极或X-509型三相四极
锁紧型电源插座盒

X-501型或X-502型
弱电出线盒

X-210-4兼出线口

X-202型双线槽分线盒
或X-201型单线槽分线盒

X-201-3型地面标识器

X-201-5型暗装封口盖

图 4-3　地面线槽分线盒示意图

注：单（双）线槽分线盒与附件（用数字表示）组合方式。

（1）1+2+4 或 5 或 6 附件组合适用于有强电线路或弱电线路出线处。

（2）1+3 附件组合适用于明露地面标识器。

（3）1+4 附件组合适用于线槽分线盒盖与地面在同一水平线上。

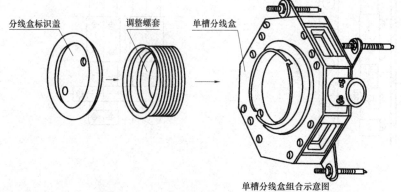

分线盒标识盖　　　调整螺套　　　单槽分线盒

单槽分线盒组合示意图

图 4-4　分线盒与封盖的组合示意图

58

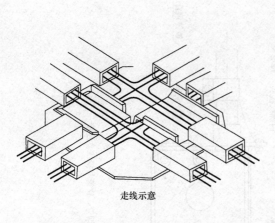

图 4-5 双线槽分线盒内走线示意图

注：在混凝土浇筑施工中，应先在分线盒上口安装
　　塑料防护盖，施工完毕后再换成金属标识盖

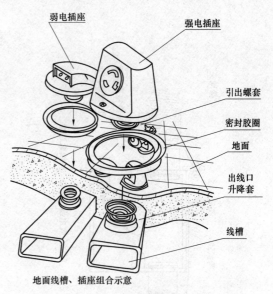

图 4-6 出线口与地面上插座的安装示意图

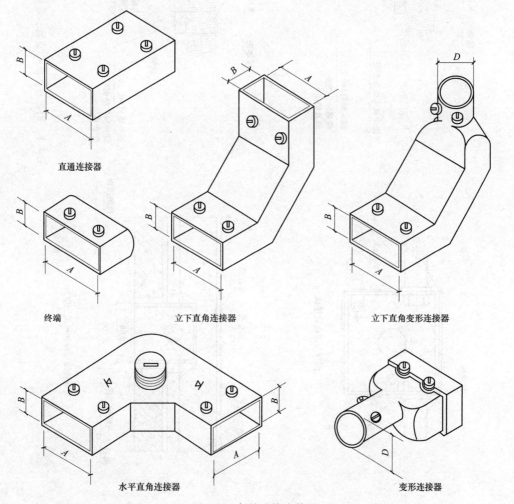

图 4-7 各种连接头外形

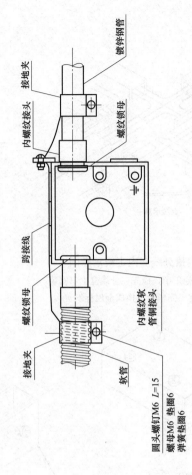

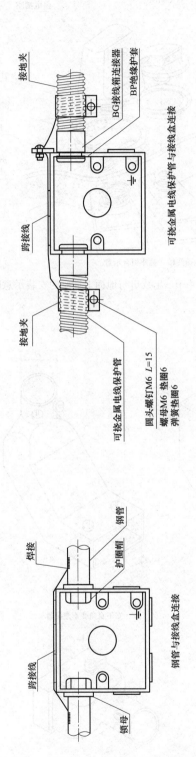

图 4-8　钢管与接线盒安装示意图

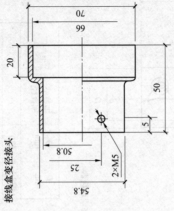

接线盒变径接头

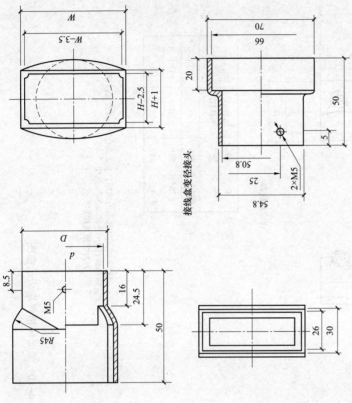

方形变径接头

$d/$ mm	$D/$ mm	钢管公称直径 mm	生产厂
$\phi22.5$	$\phi30$	15	⑨
$\phi28$	$\phi36$	20	⑨
$\phi35$	$\phi40$	25	⑨

图 4-9 地面线槽变径连接附件示意图

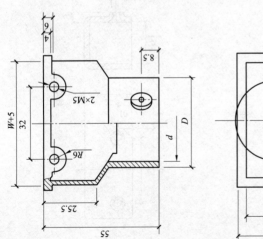

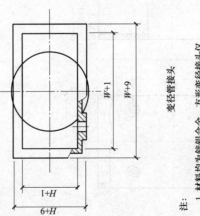

变径管接头

注:
1. 材料均为锌铝合金,方形变径接头仅适用于50~70线槽变换使用。
2. 附件螺钉为GB 67-85-M5×10。

61

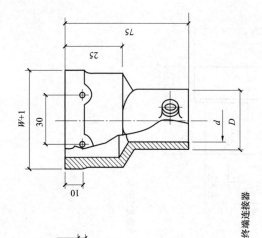

终端连接器

D/ mm	d/ mm	钢管公 称直径	生产厂
φ30	φ22.5	15	①③⑧
φ36	φ28	20	①③⑧
φ42	φ34.5	25	①

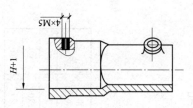

注：
1. 材料。终端连接器为铸铝，其余为Q235−A表面镀锌。
2. 附件为螺钉为GB 67−85−M5×10。
3. W、H为线槽宽度和高度。

图 4−10 地面线槽终端头示意图

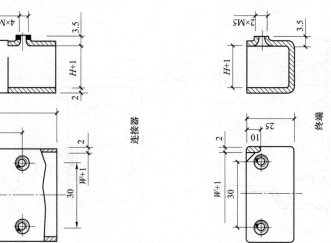

连接器

终端

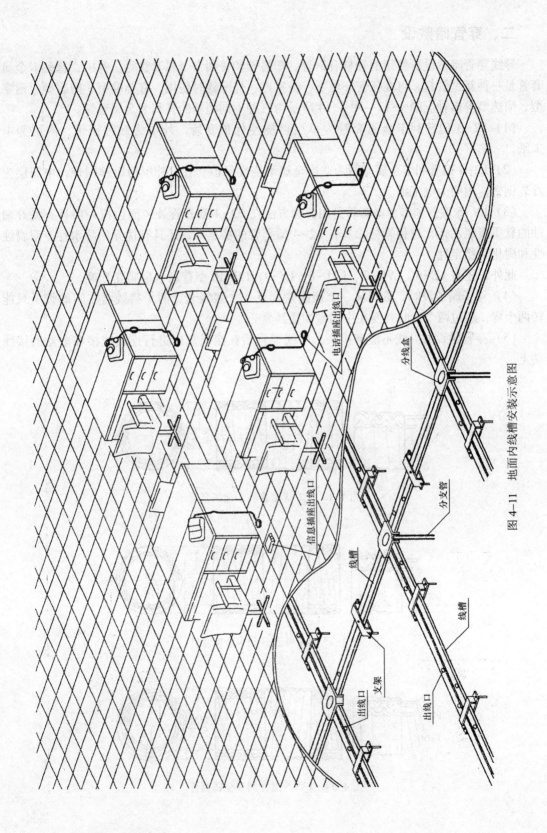

图 4-11　地面内线槽安装示意图

二、穿管暗敷设

导线穿管暗敷设所使用的管材有钢管、塑料管和普利卡金属套管等。其中,普利卡金属套管是一种新型管材,可在任何环境下,在室内、外配线时使用,有标准型、防腐型、耐寒型、耐热型等多种。图4-12~图4-14所示为三种不同型号的普利卡金属套管。

(1) L2-3型普利卡金属套管为单层可挠性保护套管,外层为镀锌钢带,内层为电工纸。

(2) L2-4型普利卡金属套管为双层金属可挠性保护套管,外层为镀锌钢带,中间层为冷轧钢带,内层为电工纸。

(3) LV-5型普利卡金属套管是用特殊方法在L2-4型套管外表面包覆一层具有良好韧性的软质聚氯乙烯,这种管材除具有L2-4型套管的特点外,还具有优异的耐水性、耐腐蚀性和耐化学稳定性。

此外,还有LE-6、LVH-7、LAL-8、LS-9、LH-10型普利卡金属套管等。

(4) 管子暗敷设时,管子从一个接线盒到下一个接线盒,两个接线盒之间的管子只能转两个弯,超过两个弯时就要在中间增加接线盒。

(5) 穿管敷设的导线不能有接头,导线穿管后在接线盒内进行连接或接在电器的接线端上。

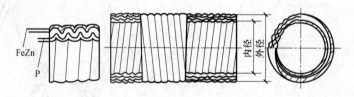

图4-12　L2-3型普利卡金属套管

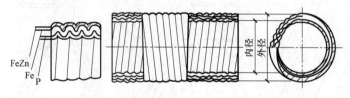

图4-13　L2-4型普利卡金属套管

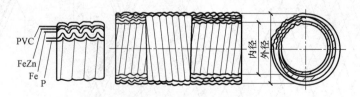

图4-14　LV-5型普利卡金属套管

第二节 弱电工程导线明敷设

一、金属线槽敷设

1. 金属线槽规格及外形

表 4-1 所列为金属线槽规格及外形。

表 4-1　　　　　　　　　　　　　金属线槽规格及外形

线槽系列	规格/mm		外　形
	B	H	
30 系列	30	45	
40 系列	40	55	
45 系列	45	45	
60 系列	65	120	

2. 金属线槽容纳导线根数

表 4-2 所列为金属线槽容纳导线根数。

表 4-2　　　　　　　　　　　　金属线槽容纳导线根数表

线槽型号	导线型号	安装方式	500V 单支绝缘导线规格/mm²														电话电缆型号规格		
			1.0	1.5	2.5	4.0	6.0	10	16	25	35	50	70	95	120	150	RVB 型 2×0.2	HYV 型电话电缆 2×0.5	SYU 同轴电缆
																			75-5	75-9
			容 纳 导 线 根 数														容纳导线对数或电缆（条数）		
GXC 30 线槽	BV-500V	槽口向上	62	42	32	25	19	10	7	4	3	2	—	—	—	—	26/16	(1) ×100 对或 (2) ×50 对 (1) ×50 对	25	15
		槽口向下	38	25	19	15	11	6	4	3	2	2	—	—	—	—				
	BXF-500V	槽口向上	31	28	24	18	12	6	4	3	2	2	—	—	—	—				
		槽口向下	19	17	14	11	8	5	3	2	—	—	—	—	—	—				
GXC 40 线槽	BV-500V	槽口向上	112	74	51	43	33	17	12	8	6	4	3	2	2	—	46/28	(1) ×200 对或 (2) ×150 对 (1) ×150 对	46	26
		槽口向下	68	45	30	26	20	10	7	5	4	3	2	—	—	—				
	BXF-500V	槽口向上	56	51	43	32	22	15	10	7	5	4	3	—	—	—				
		槽口向下	34	31	26	20	13	9	6	4	3	2	—	—	—	—				
GXC 45 线槽	BV-500V	槽口向上	103	58	52	41	31	16	11	7	6	4	3	2	—	—	43/26	(1) ×300 对或 (2) ×200 对 (1) ×200 对	43	24
		槽口向下	63	35	24	23	18	9	7	4	3	2	2	—	—	—				
	BXF-500V	槽口向上	52	47	40	31	21	14	9	6	5	4	3	—	—	—				
		槽口向下	32	27	26	20	13	9	6	4	3	2	—	—	—	—				
GXC 65 线槽	BV-500V	槽口向上	443	246	201	159	123	65	46	30	24	16	12	9	8	6	184/112	(2) ×400 对 (1) ×400 对	184	103
		槽口向下	269	149	122	96	75	40	28	19	14	10	8	6	5	4				
	BXF-500V	槽口向上	221	201	170	130	88	58	39	28	20	15	12	9	—	—				
		槽口向下	134	122	103	80	57	37	23	17	12	9	8	5	—	—				

金属线槽安装前应先定位，直线段固定点间距不大于 3m，首端、终端、转角、接头及进出接线盒等处不大于 0.5m。金属线槽在墙上安装时可以用塑料胀管固定，也可用水平支架固定；金属在屋顶下悬吊安装时可用吊架固定。

3. 金属线槽各部件安装图

（1）图 4-15 所示为金属线槽各部件安装位置示意图。

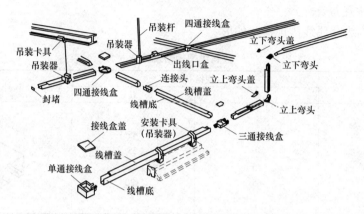

图 4-15　金属线槽各部件安装位置示意图

（2）图 4-16 所示为线槽口安装位置示意图。

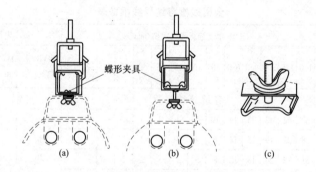

图 4-16　线槽口安装位置示意图

（a）槽口向下灯具安装；（b）槽口向下灯具安装；（c）蝶形夹具

（3）图 4-17 所示为线槽口向下槽盖入位顺序。

（4）图 4-18 所示为金属线槽的特殊部件。

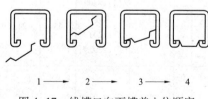

图 4-17　线槽口向下槽盖入位顺序

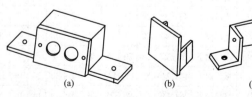

图 4-18　金属线槽的特殊部件

（a）出线口盒；（b）封堵板；（c）盒（箱）引出抱脚

二、塑料线槽敷设

图 4-19 和图 4-20 所示为常用的 VXC2 和 VXCF 型线槽。线槽分为槽底和槽盖两部分，安装时，先将槽底用木螺钉固定在墙面上，放入导线后，再盖上槽盖。

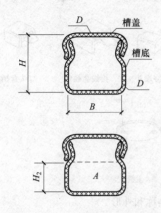

图 4-19　VXC2 型线槽横剖面

B—线槽宽；H—线槽高；D—线槽厚；

A—线槽有效容线截面积；H_2—槽底高

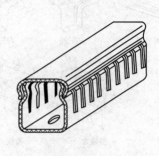

图 4-20　VXCF 型线槽外形

图 4-21 所示为 VXC20 型塑料线槽明敷设安装示意图，图 4-22 所示为 VXC20 型塑料线槽附件名称和外形。

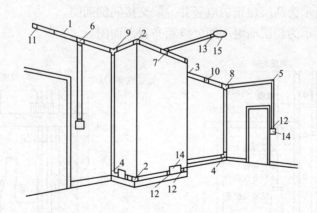

图 4-21　VXC20 型塑料线槽明敷设安装示意图

1—塑料线槽；2—阳角；3—阴角；4—直转角；5—平转角；6—平三通；

7—顶三通；8—左三通；9—右三通；10—连接头；11—终端头；

12—接线盒插口；13—灯头盒插口；14—接线盒；15—灯头盒

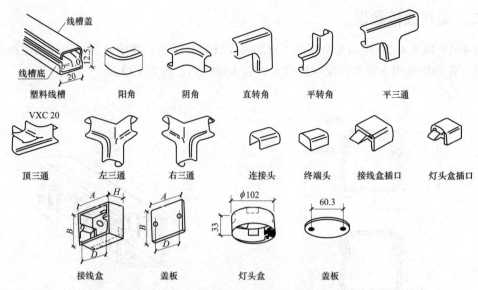

图 4-22 VXC20 型塑料线槽附件名称和外形

第三节 弱电导线竖井敷设图

（1）采用电气竖井时，应在每层楼板处留有孔洞，线路敷设完成后应用防火材料将孔洞封堵。

（2）每层设一个小门，门内井壁上装设分线箱，向各楼层分线。

（3）图 4-23 所示为高层建筑弱电竖井一层交接间剖面图。

（4）图 4-24 所示为楼层弱电小间分线箱布置剖面图。

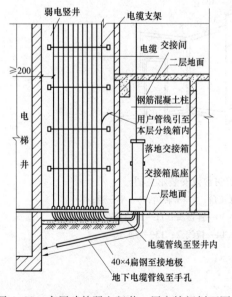

图 4-23 高层建筑弱电竖井一层交接间剖面图

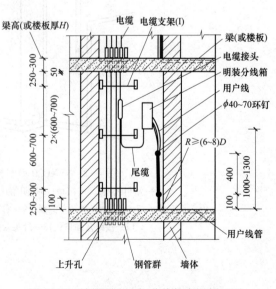

图 4-24 楼层弱电小间分线箱布置剖面图

（5）图 4-25 所示为竖井内电缆桥架垂直安装方法。

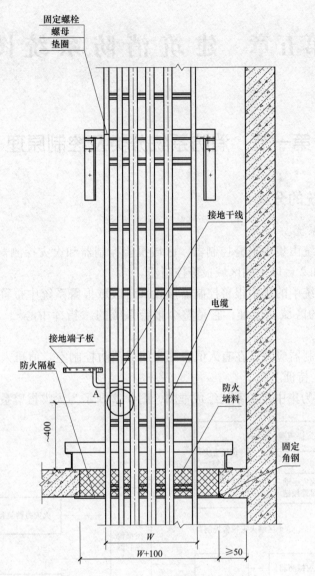

图 4-25　竖井内电缆桥架垂直安装方法

第五章 建筑消防系统图

第一节 消防系统分类及控制原理

一、消防系统的分类

（1）集中报警系统。

1）集中报警系统由集中报警控制器、区域报警控制器和火灾探测器等组成，一般有1台集中报警控制器和2台以上的区域报警控制器。

2）集中报警系统中的集中报警控制器接收来自区域报警系统中报警信号，用声、光及数字显示火灾发生的区域和地址，它是整个报警系统的"指挥中心"，同时控制消防联动设备。

3）集中报警控制器应装设在有人值班的房间或消防控制室。值班人员应经过当地公安消防部门的培训后，持证上岗。

4）图5-1所示为集中报警系统组成框图，图5-2所示为火灾报警系统图。

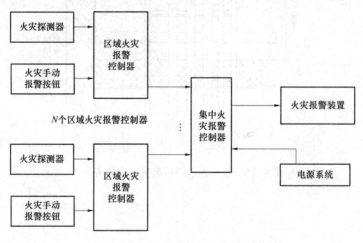

图 5-1 集中报警系统组成框图

（2）区域报警系统。

1）区域报警系统一般由火灾探测器、火灾手动报警按钮、区域火灾报警控制器和火灾报警装置等组成。这种系统比较简单，应用广泛，可在某一区域范围内单独使用，也可应用在集中报警控制系统中，它将各种报警信号输送至集中报警控制器。图5-3所示为区域报警系统示意图。

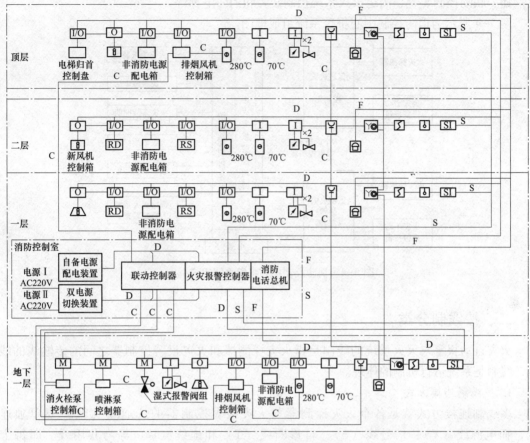

图 5-2 火灾自动报警系统图

图 5-3 区域报警系统示意图

2）单独使用的区域报警系统，一个报警系统应设置 1 台报警控制器，必要时可设置 2 台，最多不能超过 3 台。多于 3 台时，应采用集中报警系统。一台区域报警控制器监控多个楼层时，每个楼层楼梯口明显的地方应设置识别报警楼层的灯光显示装置，以便于火灾发生时迅速扑救。区域报警控制器应设在有人值班的地方，确有困难时，也应装设在经常有值班管理人员巡逻的地方。

（3）消防控制中心报警系统。消防控制中心报警系统由设置在消防控制室的消防控制设备、集中火灾报警控制器、区域火灾报警控制器和区域火灾探测器等组成，也就是集中报警控制系统，再加上联动消防设备如火灾报警装置、火灾报警电话、火灾事故照明、火灾事故广播、联动控制装置、固定灭火系统控制装置和消防电梯等。

图5-4所示为消防控制中心报警系统组成框图。

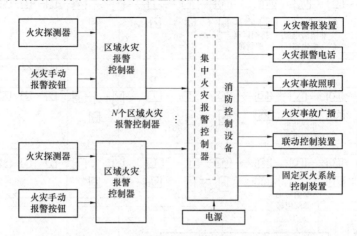

图5-4　消防控制中心报警系统组成框图

二、按线制分类

火灾自动报警与灭火系统的线制是指火灾探测器和火灾报警控制器之间的传输线的线数，线制是系统运行机制的体现。

1. 多线制连接方式

多线制连接方式就是各个火灾探测器与火灾报警控制器的选通线（ST）要单独连线，而电源线（V）、信号线（S）、自诊断线（T）和地线（G）等为共用线。即每个火灾探测器采用两条或更多的导线与火灾报警控制器连接，以确保从每个火灾探测点发出火灾报警信号。其接线方式即线制可表示为（$an+b$），其中 n 是火灾探测器的数量或火灾探测的地址编码个数，a 和 b 是系数。一般取 $a=1$，2；$b=1$，2，4；如 $n+4$，$2n$，$+2$ 线制等。

多线制系统结构中最少线制是 $n+1$，因设计、施工与维护较复杂，现已逐步被淘汰。

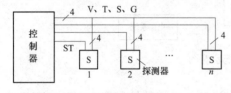

图5-5　多线制连接方式

如图5-5所示为多线制连接方式。

2. 总线制连接方式

（1）总线制连接方式与多线制连接方式相比较，大大减少了系统线制，用线量明显减少，工程布线更加灵活，设计、施工更加方便，并形成了支状和环状两种布线方式，目前应用广泛。但如果总线发生短路，整个系统都不能正常运行，所以，总线中必须分段加入短路隔离器。

（2）总线制连接方式中，所有火灾探测器与火灾报警控制器全部并联在2条或4条导线构成的回路上，火灾探测器设有独立的导线。

总线制连接方式的线制可表示为（$an+b$），其中，n 是火灾探测的地址编码个数；$a=0$；$b=2$，3，4。

二总线制连接方式是目前应用最多的连接方式，适用于二线制火灾探测器，其中，G是公共地线，P 是电源、地址、信号和自诊断共用线。

图 5-6 所示为二总线制环形连接方式。系统中输出的两根总线再返回报警控制器另两个端子，形成环形。若环中的部分线路出现问题，可从闭环的另一方传输信号，不会影响其他部分火灾探测器的工作，提高了系统的可靠性。

（3）图 5-7 所示为二总线制树枝形连接方式。总线制树枝形连接方式应用广泛，当某个接线发生断线时，能报出断线故障点，但断线点之后的火灾探测器不能工作。

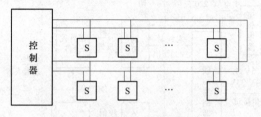

图 5-6 二总线制环形连接方式

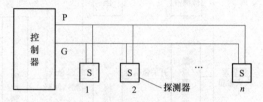

图 5-7 二总线制树枝形连接方式

（4）图 5-8 所示为总线制链式连接方式。总线制链式连接方式系统中的电源、地址、信号和自诊断共用线 P 对各个探测器是串联的。

（5）图 5-9 所示为四总线制连接方式。四总线制连接方式适用于四线制火灾探测器，四条线分别是电源线的地址编码线共用线 P、信号线 S、自诊断线 T 和地线 G。

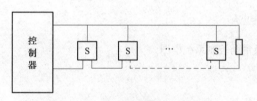

图 5-8 总线制链式连接方式

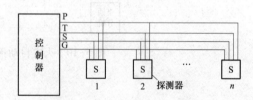

图 5-9 四总线制连接方式

三、消防控制原理

消防系统控制是智能建筑必须设置的系统之一。消防控制是一项综合性消防技术，是现代电子工程和计算机技术在消防中的应用，也是消防系统的重要组成部分和新兴技术学科。

消防控制系统原理是通过布置在现场的火灾探测器自动监测火灾发生时产生的烟雾或火光、热气等火灾信号，联动有关消防设备，实现监测报警、控制灭火的自动化。火灾自动报警及联动控制的主要内容是火灾参数的检测系统，火灾信息的处理与自动报警系统，消防设备联动与协调控制系统，消防系统的计算机管理等。

在这个系统中，火灾报警控制器是火灾报警系统的心脏，是分析、判断、记录和显示火灾的部件，它通过火灾探测器（感烟、感温）不断向监视现场发出巡测信号，监视现场的烟雾浓度、温度等。探测器将烟雾浓度或温度转换成电信号，反馈给报警控制器，报警控制器收到的电信号与控制器内存储的整定值进行比较，判断确认是否发生火灾。当确认发生火灾时，在控制器上发出声光报警，现场发出火灾报警，显示火灾区域或楼层房号的地址编码，并打印报警时间、地址。同时通过消防广播向火灾现场发出火灾报警信号，指示疏散路线，在火灾区域相邻的楼层或区域通过消防广播、火灾显示盘显示火灾区域，指示人员朝安全的区域避难。

火灾自动报警及消防控制系统框图如图 5-10 所示。

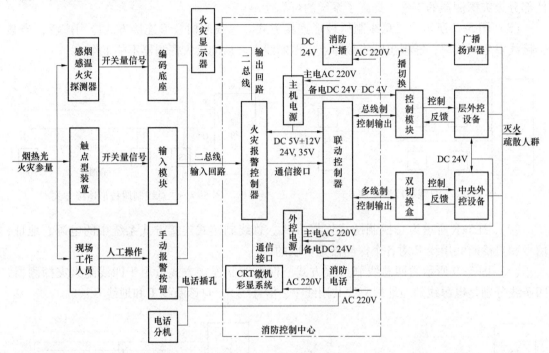

图 5-10　火灾自动报警及消防控制系统框图

第二节　火灾探测器

一、火灾探测器的类别

常用的火灾探测器的分类如图 5-11 所示。

1. 感烟火灾探测器

（1）感烟火灾探测器对警戒范围内的火灾烟雾浓度的变化做出响应，是实现早期报警的主要手段，主要用于探测火灾初期和阴燃阶段的烟雾。

（2）离子式感烟火灾探测器能及时探测火灾初期火灾烟雾，报警功能较好。火灾初期，当燃烧产生的烟雾达到一定浓度时，探测器立即响应，输出电信号。

（3）光电感烟火灾探测器对光电敏感，又分为遮光式和散射光式两种，散射光式应用较为广泛。

2. 感温火灾探测器

（1）感温火灾探测器对警戒范围内的异常高温或（和）升温速率做出响应，报警灵敏度低、报警时间迟，可在风速大、多灰尘、潮湿等恶劣环境中使用。

（2）定温火灾探测器的温度敏感元件是双金属片，火灾发生时，环境温度升高到规定

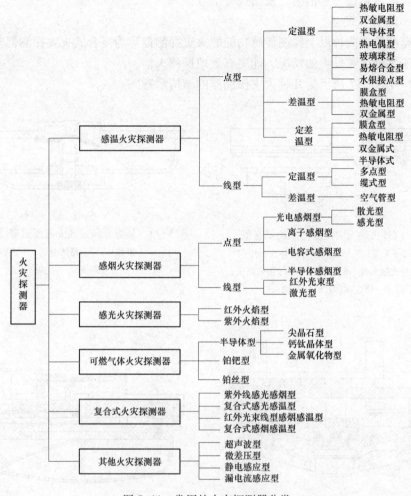

图 5-11　常用的火灾探测器分类

值时，双金属片发生变形，接通电极，输出电信号。定温火灾探测器适用于温度上升缓慢的场合。

（3）差温火灾探测器分为电子式和机械式。其原理为：火灾发生时，温度升高，当温差达到规定值时，发出报警信号。与定温感烟火灾探测器相比较，差温火灾探测器灵敏度高、可靠性高、受环境变化影响小。

3. 感光火灾探测器

（1）感光火灾探测器对警戒范围内火灾火焰光谱中的紫外线或红外线做出响应，又称为火焰探测器，有红外火焰探测器和紫外火焰探测器两种。

（2）红外火焰火灾探测器能对任何一种含碳物质燃烧时产生的火焰做出反应，对一般光源和红外辐射没有反应。

（3）紫外火焰火灾探测器能适用于微小火焰发生的场合，灵敏度高，对火焰反应快，抗干扰能力强。

4. 可燃气体火灾探测器

可燃气体火灾探测器对火灾早期阶段的可燃气体作出响应，当其保护范围内的空气中可燃气体含量、浓度超过一定值时，发出报警信号。

　　5. 复合式火灾探测器

　　同时具有两种或两种以上探测传感功能的火灾探测器称为复合式火灾探测器。复合火灾探测器适用于多种火灾发生的情况，能更有效地探测火情。

　　图 5-12～图 5-17 所示为几种火灾探测器的结构示意图。

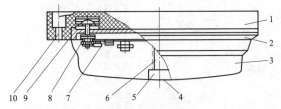

图 5-12　红外火焰火灾探测器结构示意图

1—底座；2—上盖；3—罩壳；4—红外滤光片；

5—硫化铅红外光敏元件；6—支架；7—印制电路板；

8—柱脚；9—弹性接触片；10—确认灯

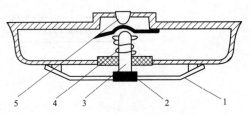

图 5-13　易熔金属定温火灾探测器结构示意图

1—集热片；2—易熔金属；3—顶杆；

4—弹簧；5—电触点

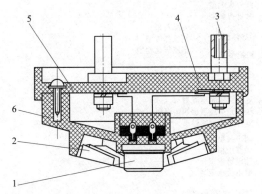

图 5-14　点型定温火灾探测器示意图

1—超小型密封温度继电器；2—集热片；3—接线柱；

4—连接片；5—基座；6—支架

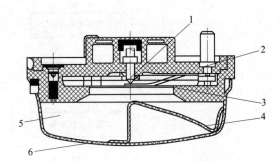

图 5-15　差温探头结构示意图

1—电气触点；2—呼吸机构；3—膜片；

4—弹簧片；5—气室；6—易熔合金

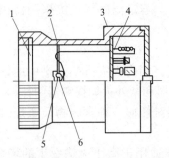

图 5-16　红外感光火灾探测器结构示意图

1—红玻璃片；2—绝缘支撑架；3—外壳；

4—印制电路板；5—锗片；6—硫化铅红外光敏元件

二、火灾探测器的保护面积和保护半径

（1）火灾探测器的有效保护面积和保护半径受房间高度和屋顶结构的影响。

（2）保护半径就是以火灾探测器为圆心，能够有效探测的最大水平距离。

（3）保护面积就是一只探测器在规定时间和规定条件下，能够有效探测的地面面积，用以保护半径为半径的水平圆的内接正四边形面积来表示，如图5-18所示。表5-1所列为感烟、感温火灾探测器的保护面积和保护半径。

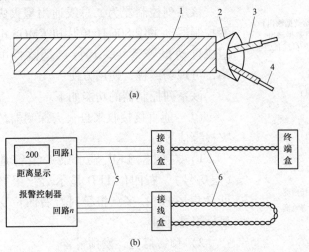

图5-17　缆式线型感温火灾探测器结构示意图
（a）外形示意图；（b）接线图
1—外护套；2—包带；3—热敏绝缘材料；4—钢丝；
5—传输线；6—热敏电缆

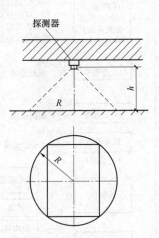

图5-18　探测器保护半径和
保护面积示意图

表5-1　　　　　　　　　感烟、感温火灾探测器的保护面积和保护半径

火灾探测器的种类	地面面积 S/m^2	房间高度 h/m	探测器的保护面积 A 和保护半径 R					
			屋顶坡 θ					
			$\theta \leqslant 15°$		$15°<\theta \leqslant 30°$		$\theta>30°$	
			A/m^2	R/m	A/m^2	R/m	A/m^2	R/m
感烟火灾探测器	$S \leqslant 80$	$h \leqslant 12$	80	6.7	80	7.2	80	8.0
	$S>80$	$6<h \leqslant 12$	80	6.7	100	8.0	120	9.9
		$h \leqslant 6$	60	5.8	80	7.2	100	9.0
感温火灾探测器	$S \leqslant 30$	$h \leqslant 8$	30	4.4	30	4.9	30	5.5
	$S>30$	$h \leqslant 8$	20	3.6	30	4.9	40	6.3

第三节　火灾报警控制器组成

火灾报警控制器是建筑消防系统的核心部分，是整个系统的心脏，它是具有分析、判断、记录和显示火灾情况的智能化设备。

火灾报警控制器不断向探测器（探头）发出巡测信号，监视被控区域的烟雾浓度、温度等，探测器将代表烟雾浓度、温度等的电信号反馈给报警控制器，报警控制器将这些反馈

回来的信号与其内存中存储的各区域正常整定值进行比较分析，判断是否有火灾发生。

当确认出现火灾时，报警控制器首先发出声光报警，提示值守人员。在控制器中，还将显示探测出的烟雾浓度、温度等值及火灾区域或楼层房号的地址编码，并把这些值以及火灾发生的时间等记录下来，同时向火灾现场以及相邻楼层发出声光报警信号。

一、火灾报警控制器的原理接线图

图 5-19 所示为 1501 系列火灾报警控制器原理接线图。

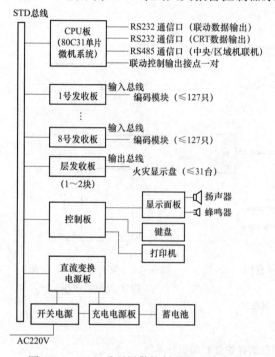

图 5-19 1501 系列报警控制器原理接线图

该系列控制器为二总线通用型火灾报警控制器，采用 80C31 单片机 CMOS 电路组成自动报警系统，其特点是监控电流小，可现场编程，使用方便。

该系列控制器的功能如下。

（1）能直接接收来自火灾探测器的火灾报警信号。

1）左四位 LED 显示第一报警地址（层房号），右四位 LED 显示后续报警地址（房屋号），多点报警时，右四位交替显示报警地址。

2）预警灯亮，发预警音。

3）打印机自动打印预警地址及时间。

4）预警 30s 延时时，确认为火警，发火警声。可消声（但消音指示灯不亮）。

5）打印机自动打印火警地址及时间。

6）可通过输出回路上的火灾显示盘，重复显示火警发生部位。

（2）能发出探测点的断线故障信号。

1）故障灯亮。

a）右四位 LED 显示故障地址（房屋号）。

b）蜂鸣器发出故障音，可消声，同时消声指示灯亮。

c）打印机自动打印故障发生的地址及时间。

2）故障期间，非故障探测点有火警信号输入时，仍能报警。

3）有本机自检功能：右四位 LED 能显示故障类别和发生部位。键盘操作功能如下。

a）可对探测点的编码地址与对应的层房号现场编程。

b）可对探测点的编码地址与对应的火灾显示盘的灯序号现场编程。

c）可进行系统复位，重复进入正常监控状态操作。

d）可调看报警地址（编码地址）和时间；断线故障地址（编码地址）；调整日期和时间。

e）可进行打印机自检；查看内部软件时钟；对各回路探测点运行状态进行单步检查和声、光显示自检。

二、火灾报警控制器的作用

火灾报警控制器是建筑消防系统的核心部分，其作用如下：

（1）火灾报警记忆。当火灾报警控制器接收到火灾报警的故障报警信号时，能记忆报警地址与时间，为日后分析火灾事故原因时提供准确资料。火灾或事故信号消失后，记忆也不会消失。

（2）火灾报警。接受和处理从火灾探测器传来的报警信号，确认是火灾时，立即发出声、光报警信号，并指示报警部位、时间等；经过适当的延时，启动自动灭火设备。

（3）故障报警。火灾报警控制器能对火灾探测器及系统的重要线路和器件的工作状态进行自动监测，以保障系统能安全可靠地长期连续运行。出现故障时，控制器能及时发出故障报警的声、光信号，并指示故障部位。故障报警信号能区别于火灾报警信号，以便采取不同的措施。如火灾报警信号采用红色信号灯，故障报警信号采用黄色信号灯。在有故障报警时，若接收到火灾报警信号，系统能自动切换到火灾报警状态，即火灾报警优先于故障报警。

（4）为火灾探测器提供稳定的工作电源。

三、火灾报警控制器的类别

（1）集中火灾报警控制器。集中火灾报警控制器接收区域火灾报警控制器发来的报警信号，并将其转换成声、光信号，由荧光数码管以数字形式显示火灾发生区域。火灾区域的确定由巡检单元完成。

（2）手动火灾报警控制器。手动火灾报警控制器适合于人流较大的通道、仓库及风速、温度、湿度变化很大而自动报警控制器不适合的场合，有壁挂式和嵌入式两种。

（3）通用火灾报警控制器。通用火灾报警控制器可与探测器组成小范围的独立系统，也可作为大型集中报警区的一个区域报警控制器，适合于各种小型建筑工程。

（4）区域火灾报警控制器。区域火灾报警控制器接收火灾探测器或中继器发来的报警信号，并将其转换为声、光报警信号；为探测器提供24V直流稳压电源，向集中报警控制器输出火灾报警信号，并备有操作其他设备的输出接点。区域报警控制器上还设有计时单元能记忆第一次报警时间；设有故障自动监测电路，有故障发生时，能发出"故障"报警信号。

区域火灾报警控制器有壁挂式、台式、柜式三种。

图5-20所示类型的中央/区域火灾报警联动系统的技术数据及功能如下：

1）一台JB-QG（JT）-DF1501中央机通过RS485通信接口可连接8台1501区域机。

2）中央机只能与区域机通信，但没有输入总线和输出总线，不能直接连接探测器编码模块和火灾显示盘。

3）中央机可通过RS232通信接口（Ⅰ）与联动控制器连接通信，通过RS232通信接口（Ⅱ）与CRT微机彩显系统连接。

4）中央机柜（台）式机机箱内可配装HJ-1756消防电话，HJ-1757消防广播和外控电源（即HJ-1752集中供电电源）。

5）区域机柜（台）机箱内自备主机电源。

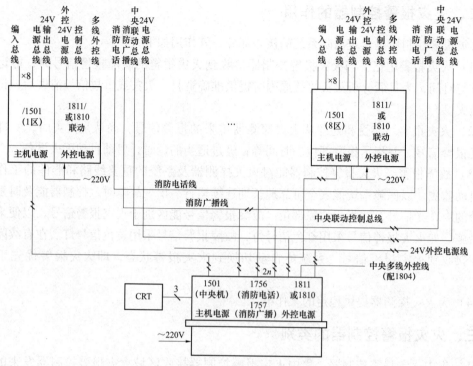

图 5-20 中央/区域火灾报警联动系统图

第四节 火灾显示盘原理及接线图

一、火灾显示盘外形图

通常，火灾显示盘设置在每个楼层或消防分区内，用以显示本区域内各探测点的报警和故障情况。在火灾发生时，指示人员疏散方向、火灾所处位置、范围等。

这里以 JB-BL-32/64 火灾显示盘为例介绍如图 5-21 所示。JB-BL-32/64 火灾显示盘是 1501 系列火灾报警控制器的配套产品。

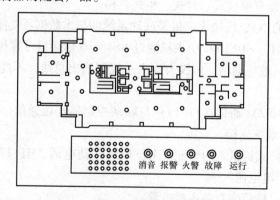

图 5-21 JB-BL-32/64 火灾显示盘

二、火灾显示盘原理图

图 5-22 为 JB-BL-32/64 显示盘原理图。

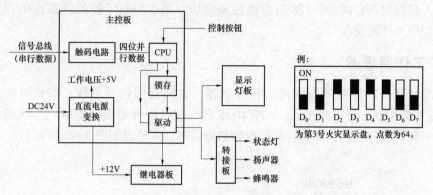

图 5-22　JB-BL-32/64 显示盘原理图

三、技术参数

JB-BL-32/64 火灾显示盘技术参数如下。

（1）容量。表格式有 32 点、64 点；模拟图式≤96 点。

（2）工作电压。DC 24V（由报警控制器主机电源供给）。

（3）监控电流≤10mA；报警（故障）显示状态工作电流≤250mA。

（4）外形尺寸。32 点：540mm×360mm×80mm；64 点：600mm×400mm×80mm；模拟图式：600mm×400mm×80mm；颜色：乳白色箱形，黑色面膜。质量：8.0kg（32 点）、9.0kg（64 点）。

（5）总线长度≤1500m。

（6）使用环境：温度-10～50℃；相对湿度≤95%（40℃±2℃）。

如图 5-23 所示，该型号火灾显示盘的机号、点数设置：前 5 位（D_0～D_4）设置机号，后 3 位决定点数，即前 5 位按二进制拨码计数（ON 方向为 0，反向为 2^{n-1}），机号最大容量 $2^5-1=31$，即 1501 系列火灾报警器一对输出总线上能识别 31 台火灾显示盘。火灾显示盘后三位点数设置参考见表 5-2。

表 5-2　　　　　　　　　　　　　火灾显示盘后三位点数设置参考

6 位	7 位	8 位	总数
OFF	OFF	OFF	32
ON	OFF	OFF	64
ON	ON	OFF	96

第五节　消防联动控制器原理图

联动控制器是基于微机的消防联动设备总线控制器。其经逻辑处理后自动（或经手动，或经确认）通过总线控制联动控制模块发出命令去动作相关的联动设备。联动设备动作后，其回答信号再经总线返回总线联动控制器，显示设备工作状态。

通常，1811可编程联动控制器与1501系列火灾报警控制器配合，可联动控制各种外控消防设备，其控制点有两类：128只总线控制模块，用于控制屋外控设备；16组多线制输出，用控制中央外控设备。

一、工作原理图

此联动装置是以控制模块取代远程控制器，取消返回信号总线，实现真正的总线制（控制、返回集中在一对总线上）；增加16组多线制可编程输出；增加"二次编程逻辑"，把被控制对象的启停状态也称为特殊的报警数据处理，其原理如图5-23所示。

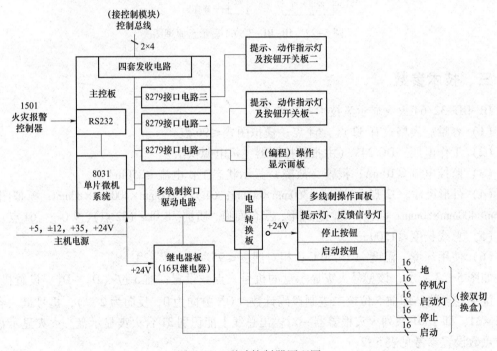

图5-23　联动控制器原理图

二、消防联动控制器原理图技术数据

（1）容量。1811/64：配接64只控制模块，16只双切换盒；1811/128：配接128只控制模块，16只双切换盒。

（2）工作电压。由主机电源供所需工作电压+5、±12、+35、+24V。

（3）主机电源供电方式。交流电源（主机）：AC 220V$^{+10\%}_{-15\%}$，50Hz±1Hz；直流备电（全密封蓄电池）：DC 24V，20Ah。

（4）监控功率。≤20W。

（5）使用环境。温度：-10～50℃；相对湿度≤95%（40℃±2℃）。

三、系统配线图

图 5-24 为 HJ-1811 联动控制器的系统配线图。

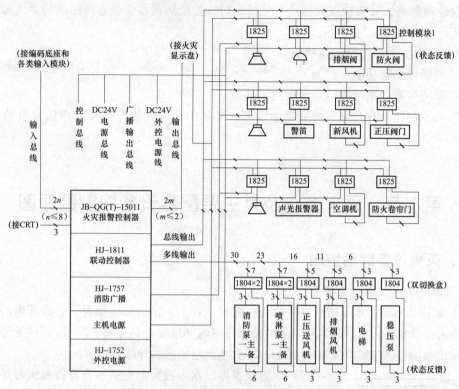

图 5-24　HJ-1811 联动控制器系统配线图

四、接线

图 5-25 和图 5-26 为 HJ-1811 联动控制器的接线图。

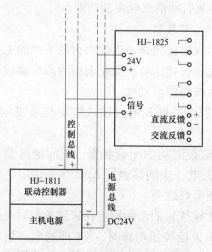

图 5-25　HJ-1811 联动控制器总线
输出控制模块接线图

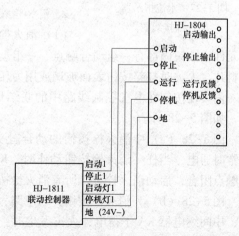

图 5-26　HJ-1811 联动控制器多线
输出双切换盒接线图

五、HJ-1811 联动控制器的功能

（1）可通过 RS232 通信接口接收来自 1501 火灾报警控制器的报警点数据，再根据已编入的控制逻辑数据，对报警点数据进行分析，对外控消防设备实施总线输出与多线输出两类控制方式。

（2）有自动/手动控制转换功能。

（3）现场可编程功能。

（4）系统检查、系统测试与面板测试功能。

（5）当控制回路有开路、短路或断线时，能显示声、光故障信号（声信号可消音）数码管等故障信息。

第六节　灭火系统及其主要配套设备控制原理图

一、灭火设备联动控制

1. 水流指示器及水力报警器

（1）水流指示器。水流指示器一般装在配水干管上，作为分区报警，它靠管内的压力水流动的推力推动水流指示器的桨片，带动操作杆使内部延时电路接通，2～3s 后使微型继电器动作，输出电信号供报警及控制用。图 5-27 为水流指示器的外部接线图。

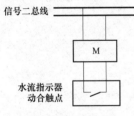

信号二总线

M

水流指示器
动合触点

图 5-27　水流指示器
的外部接线图

（2）水力报警器。水力报警器包括水力警铃和压力开关。其中，水力警铃装在湿式报警阀的延迟器后，当系统侧排水口放水后，利用水力驱动警铃，使之发出报警声。它也可用于干式、干湿两用式、雨淋及预作用自动喷水灭火系统中；压力开关是装在延迟器上部的水—电转换器，其功能是将管网水压力信号转变成电信号，以实现自动报警及启动消火栓泵的功能。

2. 消火栓按钮及手动报警按钮

（1）消火栓按钮。消火栓按钮是消火栓灭火系统中的主要报警元件。按钮内部有一组动合触点、一组动断触点及一只指示灯，按钮表面为薄玻璃或半硬塑料片。火灾时打碎按钮表面玻璃或用力压下塑料面按钮即可动作。

消火栓按钮在电气控制线路中的联结形式有串联、并联及通过输入模块与总线相连 3种，如图 5-28 所示。

图 5-28（a）中消火栓按钮的动合触头在正常监控时均为闭合状态。中间继电器 KA1 正常时通电，当任一消火栓按钮动作时，KA1 线圈失电，中间继电器 KA2 线圈得电，其动合触点闭合，启动消火栓泵，所有消火栓按钮上的指示灯燃亮。

图 5-28（b）为消火栓按钮并联电路，图中消火栓按钮的动断触点在正常监控时是断开的，中间继电器 KA 不得电，火灾发生时，当任一消火栓按钮动作时，KA 即通电，启动消火栓泵，当消火栓泵运行时，其运行接触器动合触点 KM1（或 KM2）闭合，有消火栓按钮上的指示灯燃亮，显示消火栓泵已启动。

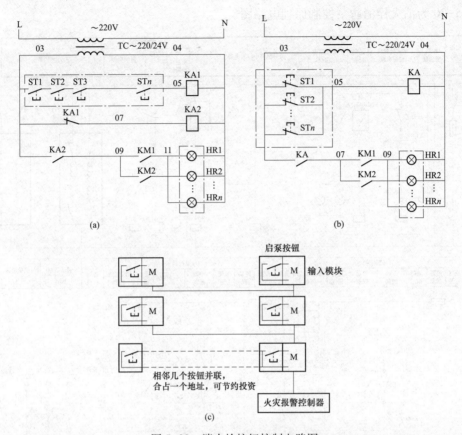

图 5-28 消火栓按钮控制电路图

（a）串联；（b）并联；（c）经输入模块与总线相连

图 5-28（c）为大型工程建筑项目中所用的控制电路方式。这种系统接线简单、灵活（输入模块的确认灯可作为间接的消火栓泵起动反馈信号）。但火灾报警控制器一定要保证常年正常运行且常置于自动联锁状态，否则会影响启泵。

（2）手动报警按钮。它是与自动报警控制器相连，用手动方式产生火灾报警信号，启动火灾自动报警系统的器件，其接线电路图如图 5-29 所示。

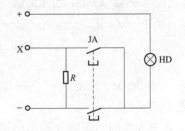

图 5-29 手动报警按钮接线电路图

3. 消防泵、喷淋泵及增压泵的控制

消防泵、喷淋泵分别为消火栓系统及水喷淋系统的主要供水设备。增压泵是为防止充水管网泄漏等原因导致水压下降而设的增压装置。消防泵、喷淋泵在火灾报警后自动或手动启动，增压泵则在管网水压下降到一定位时由压力继电器自动启动及停止。

（1）消火栓用消防泵。当城市公用管网的水压或流量不够时，应设置消火栓用消防泵。每个消火栓箱都配有消火栓报警按钮。当发现并确认火灾后，手动按下消火栓报警开关，向消防控制室发出报警信号，并启动消防泵。此时，所有消火栓按钮的启泵显示灯全部点亮，显示消防已经启动。

图 5-30 为消火栓消防泵控制原理电路图。

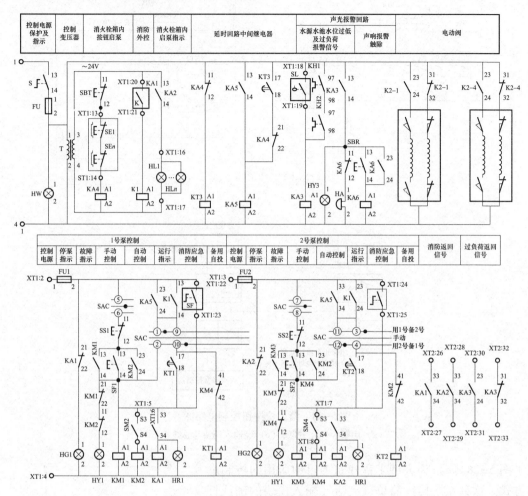

图 5-30　消火栓消防泵控制原理电路图

图 5-30 中，SE1、…、SEn 为设在消火栓箱内的消防泵专用控制按钮，按钮上带有水泵运行指示灯。

火灾发生时，击碎火栓箱内消防专用按钮的玻璃，使该按钮的动合触点复位到断开位置，中间继电器 KA4 的线圈断电，动断触点闭合，中间继电器 KT3 的线圈通电，经延时后，延时闭合的动合触点闭合，使中间继电器 KA5 的线圈通电吸合，并自动保持。

同时，若选择开关 SAC 置于 1 号泵工作，2 号泵备用的位置时，1 号泵的接触器 KM1 线圈通电，KM1 动合触点闭合，1 号泵经软启动器启动后，软启动器上的 S3、S4 端点闭合，KM2 线圈通电，旁路动合触点 KM2 闭合，1 号泵运行，如果 1 号泵发生故障，接触器 KM1、KM2 跳闸，时间继电器 KT2 线圈通电，KT2 动合触点延时闭合，接触器 KM3 线圈通电吸合，作为备用的 2 号泵启动。

当选择开关 SAC 置于 2 号泵工作，1 号泵备用的位置时，2 号泵先工作，1 号泵备用，其动作过程与选择 1 号泵工作类似。

当 1 号泵、2 号泵均发生过负荷时，热继电器 KH1、KH2 闭合，中间继电器 KA3 通电，发出声、光报警信号。如果水源水池无水时，安装在水源水池内的液位计 SL 接通，使中间继电器 KA3 通电吸合，其动合触点闭合，发出声、光报警信号。可通过复位按钮 SBR 关闭警铃。

（2）自动喷淋用消防泵。

1）自动喷淋用消防泵工作原理。当火灾发生时，随着火灾部位温度的升高，自动喷淋系统喷头上的玻璃球破碎（或易熔合金喷头上的易熔合金片脱落），而喷头开启喷水，水管内的水流推动水流指示器的桨片，使其电触点闭合，接触电路，输出电信号至消防控制室。与此同时，设在主干水管上的报警水阀被水流冲开，向洒水喷头供水，经过报警阀流入延迟器，经延迟后，再流入压力开关使压力继电器动作接通，喷淋用消防泵启动。而压力继电器动作的同时，启动水力警铃，发出报警信号。

2）图 5-31 为湿式自动喷水消防泵工作原理图。

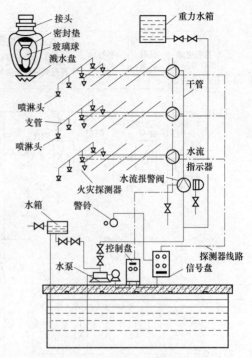

图 5-31　湿式自动喷水消防泵
工作原理图

（3）自动喷淋消防泵控制原理图。自动喷淋用消防泵一般设计为两台泵，一用一备。互为备用，当工作泵故障时，备用泵自动延时投入运行。

图 5-32 为自动喷淋消防泵控制原理电路图。

图 5-32 的消防泵控制原理电路中，没有水泵工作状态选择开关 SAC，可使两台泵分别处于 1 号泵用 2 号泵备、2 号泵用 1 号泵备或两台泵均为手动的工作状态。

发生火灾时，喷淋系统的喷淋头自动喷水，设在主立管或水平干管的水流继电器 SP 接通，时间继电器 KT3 圈通电，共延时动合触点经延时后闭合，中间继电器 KA4 通电吸合，时间继电器 KT4 通电。

这时，若选开关 SAC 置于 1 号泵用 2 号泵备的位置，则 1 号泵的接触器 KM1 通电吸合，经软启动器，1 号泵启动，当 1 号泵启动后达到稳定状态，软启动器上的 S3、S4 触点闭合，旁路接触器 KM2 通电，1 号泵正常运行，向系统供水。若此时 1 号泵发生故障，接触器 KM2 跳闸，使 2 号泵控制回路中的时间继电器 KT2 通电，经延时吸合，使接触器 KM3 通电吸合，2 号泵作为备用泵启动向自动喷淋系统供水。根据消防规范的规定，火灾时喷淋泵启动后运转时间为 1h，即 1h 后自动停泵。因此，时间继电器 KT4 延时时间整定为 1h，当 KT4 通电 1h 后吸合，其延时动断触点打开，中间继电器 KA4 断电释放，使正在运行的喷淋泵控制回路断电，水泵自动停止运行。

通常，在两台泵的自动控制回路中，动合触点 K 的引出线接在消防控制模块上，由消防控制室集中控制水泵的启停。启动按钮 SF 引出线为水泵硬接线，引至消防控制室，作为消防应急控制。

			声光报警回路					
控制电源保护及指示	延时启泵	运行1h后停泵	水源水池水位过低及过负荷报警信号	声响报警解除	控制变压器	消防外控	消防返回信号	过负荷返回信号

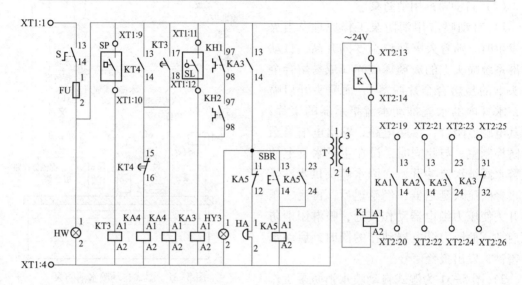

1号泵控制								2号泵控制							
控制电源	停泵指示	故障指示	手动控制	自动控制	运行指示	消防应急控制	备用自投	控制电源	停泵指示	故障指示	手动控制	自动控制	运行指示	消防应急控制	备用自投

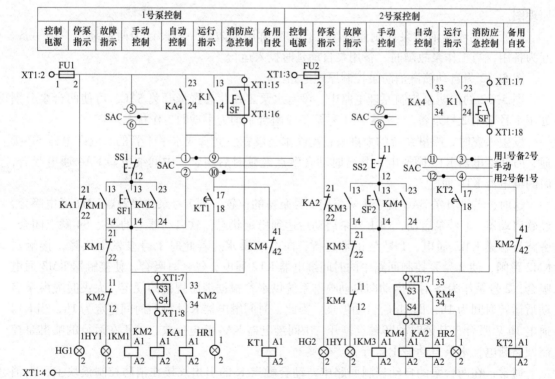

图 5-32　自动喷淋消防泵控制原理电路图

二、消防排烟设备控制

防烟设备的作用是防止烟气侵入疏散通道，而排烟设备的作用是消除烟气大量积累并防止烟气扩散到疏散通道。

图 5-33 为防排烟系统控制图。

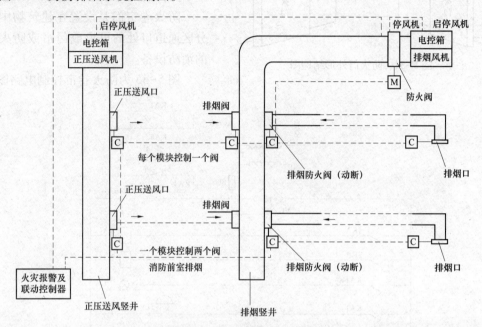

图 5-33　防排烟系统控制图

在排烟系统中，风机的控制应按防排烟系统的组成进行设计，其控制系统通常可由消防控制室、排烟口及就地控制等装置组成。就地控制是将转换开关打到手动位置，通过按钮启动或停止排烟风机，用以检修。

排烟风机可由消防联动模块控制或就地控制。

联动模拟控制时，通过联锁触点启动排烟风机。当排烟风道内温度超过 280℃时，防火阀自动关闭，通过联锁接点，使排烟风机自动停止。

三、防火门及防火卷帘的控制

防火门及防火卷帘都是防火分隔物，有隔火、阻火、防止火势蔓延的作用。在消防工程应用中，防火门及防火卷帘的动作通常都是与火灾监控系统联锁的。

通常防火门的控制可用手动控制或电动控制（即现场感烟、感温火灾探测器控制，或由消防控制中心控制）。当采用电动控制时，需要在防火门上配有相应的闭门器及释放开关。

防火门有如下两种工作方式：

（1）平时通电、火灾时断电关闭方式。即防火门释放开关，平时通电吸合，使防火门处于开启状态，火灾时通过联动装置自动控制加手动控制切断电源，装在防火门上的闭门器使之关闭。

（2）平时不通电、火灾时通电关闭方式。即通常将电磁铁、油压泵和弹簧制成一个整体

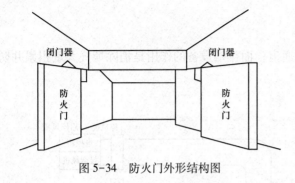

图 5-34　防火门外形结构图

装置，平时不通电，防火门被固定销扣住呈现开启状态，火灾时受联锁信号控制，电磁铁通电将销子拔出，防火门靠油压泵的压力或弹簧力作用而慢慢关闭。

防火门的外形结构如图 5-34 所示。

防火卷帘门是设置在建筑物中防火分区通道口处的可形成门帘或防火分隔的消防设备。

图 5-35 为防火卷帘控制电路图。

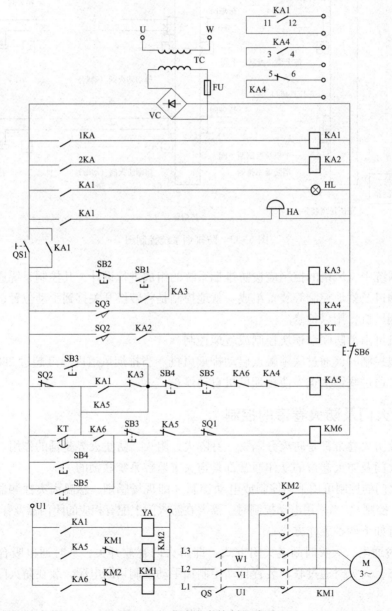

图 5-35　防火卷帘控制电路图

通常，不工作时卷帘卷起，并锁住。发生火灾时，分两步下放。

（1）第一步。当火灾初期产生烟雾时，来自消防中心的联动信号（感烟探测器报警所致）使触点 1KA（在消防中心控制器上的继电器因感烟报警而动作）闭合，中间继电器 KA1 线圈通电动作，同时联动。

1）信号灯 HL 亮，发出报警信号。

2）电警笛 HA 响，并发出声报警信息。

3）KA1 11-12 号触头闭合，给消防中心一个卷帘启动的信号（即 KA1 11-12 号触头与消防中心信号灯相接）。

4）将开关 QS1 的动合触头短接，全部电路通以直流电。

5）电磁铁 YA 线圈通电，打开锁头，为卷帘门下降做准备。

6）中间继电器 KA5 线圈通电，同时将接触器 KM2 线圈接通，KM2 触头动作，门电机反转卷帘下降，当卷帘下降到距地 1.2～1.8m 定点时，位置开关 SQ2 受碰撞而动作，使 KA5 线圈失电，KM2 线圈失电，门电机停，卷帘停止下放（现场中常称中停），从而隔断火灾初期的烟雾，方便人员逃生。

（2）第二步。

1）如果火势逐渐增大、湿度上升时，消防中心的联动信号接点 2KA（安全消防中心控制器上，且与感温探测器联动）闭合，中间继电器 KA2 线圈通电，触头动作，时间继电器 KT 线圈通电。经延时（30s）后触点闭合，使 KA5 线圈通电，KM2 又重新通电，门电机又反转，卷帘继续下放。

2）当卷帘落地时，碰撞位置开关 SQ3 使其触点动作，中间继电器 KA4 线圈通电，动断触点断开，使 KA5 失电释放，又使 KM2 线圈失电，门电机停止。同进 KA4 3-4 号、KA4 5-6 号触头将卷帘门完全关闭信号（或称落地信号）反馈给消防中心。

当火被扑灭后，按下消防中心的帘卷起按钮 SB4 或现场就地卷起按钮 SB5，均可使中间继电器 KA6 线圈通电，使接触器 KM1 线圈通电，门电机正转，卷帘上升，当上升到顶端时，碰撞位置开关 SQ1 使之动作，使 KA6 失电释放，KM1 失电，门电机停止，上升结束。

第七节 消防系统图识读举例

一、消防报警系统平面图识读

1. 基本情况了解

阅读平面图时先从消防报警中心开始，再将其与本层及上、下层之间的连接导线走向关系分析清楚，便容易理解配套工程图。消防报警中心在一层，在图 5-36 所示的系统图中，导线按功能分共有 8 种，即 FS、FF、FC1、FC2、FP、C、S 和 WDC。

来自消防报警中心的报警总线 FS：先进各楼层的接线端子箱后，再向其编址单元配线。消防电话 FF：只与火灾报警按钮有连接关系。联动控制总线 FC1：只与控制模块 1825 所控

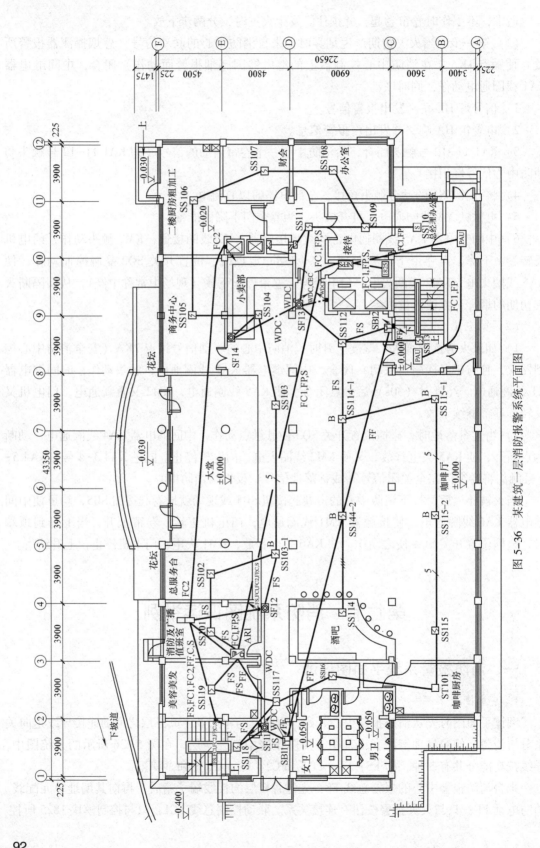

图 5-36 某建筑一层消防报警系统平面图

制的设备有连接关系。联动控制线 FC2：只与控制模块 1807 所控制的设备有连接关系。通信总线 C：只与火灾显示盘 AR 有连接关系。主机电源总线 FP：与火灾显示盘 AR 和控制模块 1825 所控制的设备有连接关系。消防广播线 S：只与控制模块 1825 中的扬声器有连接关系。控制线 WDC：只与消火栓箱报警按钮有连接关系，再配到消防泵，与报警中心无关。在控制柜的图形符号中，共有 4 条线路向外配线，为了分析方便，将这 4 条线分别编成 N1、N2、N3、N4。其中 N1 配向②轴线，有 FS、FC1、FC2、FP、C、S 功能的导线，再向地下层配线；N2 配向③轴线，本层接线端子箱，再向外配线，有 FS、FC1、FP、S、FF 和 C 功能的导线；N3 配向④轴线，再向 2 层配线，有 FS、FC1、FC2、FP、C 和 S 功能的导线；N4 配向⑩轴线，再向下层配线，只有 FC2 一种功能的导线（4 根线）。

2. N2 线路分析

（1）图上③轴线的接线端子箱共有 4 条出线，即配向②轴线 SB11 处的 FF 线；配向⑩轴线的电源配电间的 NFPS 处，有 FC1、FP、S 功能线；配向 SS101 的 FS 线；配向 SS115 的 FS 线。另一条为进线。

（2）该建筑设置的感烟探测器文字符号标注为 SS，感温探测器标注文字符号 ST，火灾报警按钮 SB，消火栓箱报警按钮 SF，其数字排序按种类自排。例如，SS112 为 1 层第 12 号地址码的感烟火灾探测器，ST105 为 1 层第 5 号感温火灾探测器。有母座带子座的，子座又编为 SS115-1、SS115-2 等。

（3）N2 线路总线配线：配向 SS101 的配线，用钢管沿墙暗敷设配到顶棚，进入 SS101 接线底座进行接线，再配到 SS102，依次类推，直到 SS119 而回到火灾显示器，形成一个环路。在这个环路中也有分支，如 SS110、SB12、SF14 等，其目的是减少配线路径。由于母座和子座之间的连接线增加了 3 根线，在 SS115-1、SS115-2、SS115 之间配了 5 根线。

（4）N2 线路其他配线。火灾显示器向②轴线 SB11 处的消防电话线 FF，FF 与 SB11 连接后，在此处又分别到 2 层和本层的⑨轴线 SB12 处，在 SB12 处又分别向上、下层配线。SF11 的连接线 WDC（2 根）来自地下层，SF11 与 SF12 之间有 WDC 连接线，SF11 的连接线 WDC 配到 2 层。SF13 处的连接线 WDC（2 线）来自地下层，又配到 2 层。图 5-37 中标注的 4 线就是这两处的线相加。

（5）火灾显示器配向⑩轴线电源配电间的 NFPS 处，有 FC1、FP、S 功能线。NFPS 接 FC1、FP 线。电源配电间有 1825 模块，是扬声器的切换控制接口，接 FC1、FP、S 功能线。NFPS 又接到 PAU 和 AHU，接 FC1 和 FP 线。

二、某建筑物消防自动报警系统图

图 5-37 是某建筑消防自动报警及联动系统图。火灾报警与消防联动设备装在一层，安装在消防及广播值班室。火灾报警与消防设备的型号为 JB1501A/G508-64，JB 为国家标准中的火灾报警控制器，消防电话设备的型号为 HJ-1756/2，消防广播设备型号为 HJ1757（120W×2），外控电源设备型号为 HJ-1752。JB 共有 4 条回路，设为 JN1～JN4，JN1 用于地下层，JN2 用于 1、2、3 层，JN3 用于 4、5、6 层，JN4 用于 7、8 层。

1. 基本情况

报警总线 PS 采用多股软导线、塑料绝缘、双绞线，标注为 RVS-2×1.0GC15CEC/WC。其含义是：2 根截面积为 1mm^2，保护管为水煤气钢管，直径为 15mm，沿顶棚、暗敷设及有

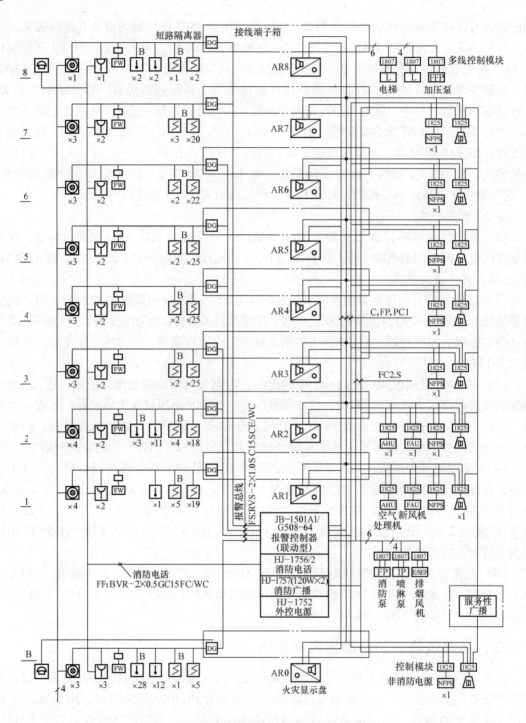

图5-37 某建筑消防自动报警及联动系统图

一段沿墙、暗敷设，均指每条回路。消防电话线 FF 标注为 BVR-2×0.5GC15FC/WC，BVR 为塑料绝缘软导线。其他与报警总线类似。

火灾报警控制器的右边有 5 个回路标注，依次为 C、FP、FC1、FC2、S。其对应依次为：C-RS-485 通信总线，RVS-2×1.0GC15WC/FC/CEC；FP-24V DC 主机电源总线，BV-

2×4GC15WC/FC/CEC；FCl-联动控制总线，BV-2×1.0GC15WC/FC/CEC；FC2-多线联动控制线，BV-2×1.5GC20WC/FC/CEC；S-消防广播线，BV-2×1.5GC15WC/CEC。

在系统图中，多线联动控制线的标注为 BV-2×1.5GC15WC/CEC。多线，即不是一根线，具体几根线，就要根据被控设备的点数而定。从图 5-37 中可以看出，多线联动控制线主要是控制在 1 层的消防泵、喷淋泵、排烟风机，其标注为 6 根线，在 8 层有 2 台电梯和加压泵，其标注也是 6 根线。

2. 接线端子箱

从图 5-37 中可以知道，每层楼安装一个接线端子箱，端子箱中安装短路隔离器 DG。其作用是当某一层的报警总线发生短路故障时，将发生短路故障的楼层报警总线断开，就不会影响其他楼层报警设备的正常工作了。

3. 火灾显示盘 AR

每层楼安装一个火灾显示盘，可以显示各个楼层，显示盘用 RS-485 总线连接，火灾报警与消防联动设备可以将信息传送到火灾显示盘上进行显示，因为显示盘有灯光显示，所以需接主机电源总线 FP。

4. 消火栓箱报警按钮

（1）消火栓箱报警按钮也是消防泵的启动按钮，消火栓箱是人工用喷水枪灭火最常用的方式，当人工用喷水枪灭火时，如果给水管网压力低，就必须启动消防泵。

（2）消火栓箱报警按钮是击碎玻璃式，将玻璃击碎，按钮将自动动作，接通消防泵的控制电路，消防泵启动，同时通过报警总线向消防报警中心传递信息，每个消火栓箱按钮占一个地址码。

（3）在图 5-37 中，纵向第 2 排图形符号为消火栓箱报警按钮，×3 代表地下层有 3 个消火栓箱，报警按钮编号为 SF01、SF02、SF03。

（4）消火栓箱报警按钮的连线为 4 根线，由于消火栓箱的位置不同，形成两个回路，每个回路 2 根线，线的标注是 WDC（启动消防泵）。每个消火栓箱报警按钮也与报警总线相连接。

5. 火灾报警按钮

（1）火灾报警按钮是人工向消防报警中心传递信息的一种方式，一般要求在防火区的任何地方至火灾报警按钮不超过 30m，纵向第 3 排图形符号是火灾报警按钮。×3 表示地下层有 3 个火灾报警按钮，火灾报警按钮编号为 SB01、SB02、SB03。

（2）火灾报警按钮也与消防电话线 FF 连接，每个火灾报警按钮板上都设置电话插孔，接上消防电话就可以用，8 层纵向第一个图形符号就是消防电话符号。

6. 水流指示器

（1）纵向第 4 排图形符号是水流指示器 FW，每层楼一个。该建筑每层楼都安装了自动喷淋灭火系统。

（2）火灾发生超过一定温度时，自动喷淋灭火的闭式感温元件融化或炸裂，系统将自动喷水灭火，水流指示器安装在喷淋灭火给水的枝干管上，当枝干管有水流动时，水流指示器的电触点闭合，接通喷淋泵的控制电路，使喷淋泵电动机启动加压。同时，水流指示器的电触点也通过控制模块接入报警总线，向消防报警中心传递信息。每个水流指示器占一个地址码。

7. 感温火灾探测器

图 5-37 中在地下层，1、2、8 层安装了感温火灾探测器，纵向第 5 排图符上标注 B 的为母座。编码为 ST012 的母座带动 3 个子座，分别编码为 ST012-1、ST012-2、ST012-3，

此4个探测器只有一个地址码。子座到母座是另外接的3根线，ST是感温火灾探测器的文字符号。

8. 感烟火灾探测器

图上纵向7排图符标注B的为子座，8排没标注B的为母座，SS是感烟火灾探测器的文字符号。

9. 其他消防设备

图5-37右面基本上是联动设备，而1807、1825是控制模块，该控制模块是将报警控制器送出的控制信号放大，再控制需要动作的消防设备。图5-37中空气处理机AHU是将电梯前厅的楼梯空气进行处理。图上新风机PAU共2台，1层安装在右侧楼梯走廊处，2层安装在左侧楼梯前厅，是用来送新风的，发生火灾时都要求开启换空气。非消防电源配电箱安装在电梯井道的后面电气井中，火灾发生时需切换消防电源。广播有服务广播和消防广播，两者的扬声器合用，发生火灾时需要切换成消防广播。

三、某楼层火灾自动报警及消防联动控制施工图

如图5-38和图5-39为某楼层火灾自动报警及联动控制系统图及控制系统平面图。

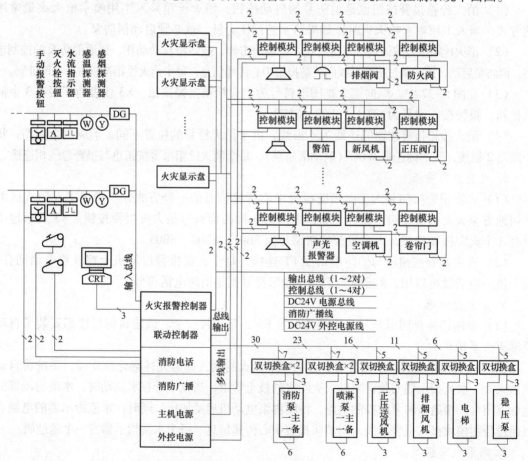

图5-38　某楼层火灾自动报警及消防联动控制系统图

从图上可看出此火灾报警及消防联动控制系统由两部分构成。其中，火灾报警控制器是一种可现场编程的二总线制通用报警控制器，既可用作区域报警控制器，又可用作集中报警控制器。该控制器最多有 8 对输入总线，每对输入总线可带探测器和节点型信号 127 个。最多有两对输出总线，每对输出总线可带 32 台火灾显示盘。

图中的火灾报警器是通过串行通信方式将报警信号送入联动控制器，以实现对建筑物内消防设备的自动、手动控制。

此系统通过另一行串行通信接口与计算机连接，实现对建筑的平面图、着火部位等的彩色图形显示。每层设置一台重复显示屏，可作为区域报警控制器，显示屏可进行自检，内装有 4 个输出中间继电器，每个继电器有输出触点 4 对，可控制消防联动设备。

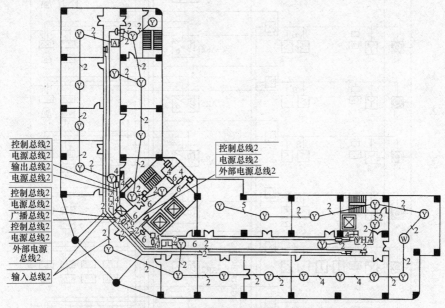

图 5-39　某楼层火灾自动报警及消防联动控制系统平面图

图 5-38 中的联动控制系统中一对（最多 4 对）输出控制总线（即二总线控制），可控制 32 台火灾显示盘（或远程控制器）内的继电器来达到每层消防联动设备的控制。二总线可接 256 个信号模块；设有 128 个手动开关，用于手动控制重复显示屏（或远程控制箱）内的继电器。

从图上可以看出图中的中央外控设备有喷淋泵、消防泵、电梯及排烟、送风机等，可以利用联动控制器内 16 对控制触点，去控制机器内的中间继电器，用于手动和自动控制上述集中设备（如消防泵、排烟、风机等）。

从图上可以看出系统的消防电话连接二线直线电话，电话设置于手动报警按钮旁，只需将手提式电话机的插头插入电话插孔即可向总机（消防中心）通话。消防电话的分机可向总机报警，总机也可呼机分机进行通话。

从图上还可以看出此系统的消防广播装置由联动控制器实施着火层及其上、下层的紧急广播的联动控制。当有背景音乐（与火灾事故广播兼用）的场所火警时，由联动控制器通过其执行件实现强制切换到火灾事故广播的状态。

从图 5-39 的平面图上可以很清楚地看出此系统的火灾探测器、火灾显示盘、警铃、喇叭、非消防电源箱、水流指示器、排烟、送风、消火栓按钮的位置。

四、某八层建筑综合楼火灾自动报警及消防联动控制施工图

图 5-40 和图 5-41 分别为某八层商务楼火灾自动报警及消防联动控制系统图及首层火灾自动报警及消防联动控制平面图，其他层控制平面图略去。

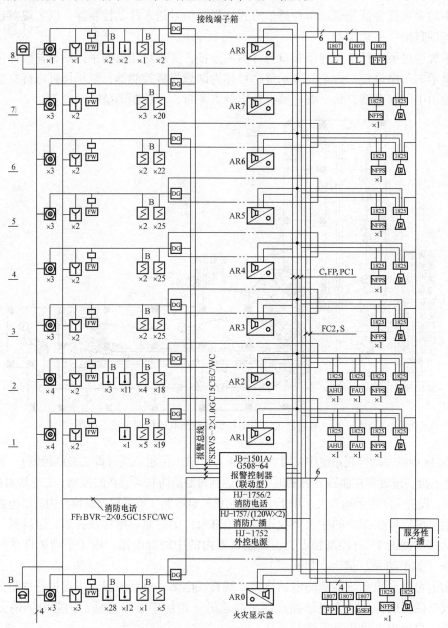

图 5-40　某八层商务楼火灾自动报警及消防联动控制系统图

☎—消防电话；⊗—消火栓按钮；丫—报警按钮；DG—短路隔离器；FW—水流指示器；感温探测器；◁—广播；
NFPS—非消防电源；FP—消防泵；IP—喷淋泵；E/SEF—排烟风机；AHL1—空气处理机；FAU—新风机；FFP—加压泵；
L—电梯；1807—多线控制模块；1825—总线强切控制模块；WDC—去直接启泵；C—RS-485 通信总线
（RVS-2×1.0GC15WC/FC/CEC）；FP0—Z4VDC 主机电源总线 BV-2×4GC15WC/FC/CEC；FC1—联动控制总线
BV2×1.0GC15WC/FC/CEC；S—消防广播线　BV2×1.5GC15WC/CEC

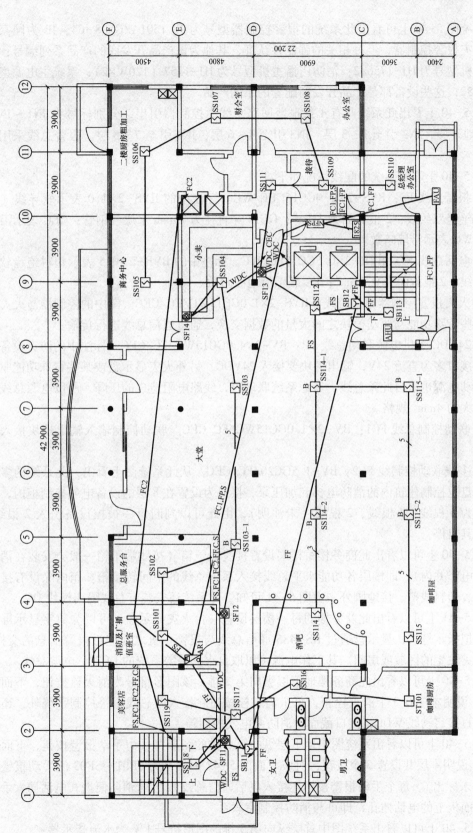

图 5-41 某八层商务楼首层自动报警及消防联动控制平面

从系统图 5-40 上可看出此系统的报警控制器型号为 JB 1501A/G508-64，JB 为国家标准中的火灾报警控制器，经过相关的强制性认证，其他为该产品开发商的产品系列编号；消防电话总机型号为 HJ-1756/2；消防广播主机型号为 HJ-1757（120W×2）；系统主电源型号为 HJ-1752，这些设备都是产品开发商配套的系列产品。

从图 5-40 上看出此系统共有 4 条报警回路总线由控制器引出，分别标号为 JN1～JN4，JN1 引至地下层，JN2 引至 1～3 层，JN3 引至 4～6 层，JN4 引至 7～8 层。报警总线采用星型接法。

从图 5-40 上看到系统的配线情况如下：

（1）报警总线 FS：RVS-2×1.0GC15CEC/WC。标注中的 RVS-2×1.0 表示软导线（多股）塑料绝缘双绞线，2 根截面为 1mm^2；GC15 穿直径为 15mm 水煤气钢管；CEC 表示沿顶棚暗敷，WC 表示沿墙暗敷。

（2）电话总线 FF：BVR-2×0.5GC15FC/WC。标注中的 BVR-2×0.5 表示塑料绝缘软导线进行布线，2 根截面为 0.5mm^2；FC 表示沿地面暗敷。

（3）火灾报警控制器通信总线：RVS-2×1.0GC15WC/FC/CEC。图中的控制器与火灾显示盘或某些特殊功能与驱动模块之间大量的数据交换，通过通信总线进行传输。

（4）24VDC 主机电源联动总线 FP：BV-2×4.0GC15WC/FC/CEC，标注中的防灾设备的联动电气接口多为直流 24V，输出模块要接入 24VDC，另外火灾显示盘或某些特殊功能驱动模块的驱动电源也取自此条总线。考虑系统联动时，线路电阻造成的压降，所以电源总线选用截面较大的 4mm^2 规格。

（5）联动控制总线 FC1：BV-2×1.0GC15WC/FC/CEC。联动控制输入输出模块接入此条总线。

（6）多线联动控制线 FC2：BV-1.5GC20/FC/CEC。从此系统图上看出，此系统的多线联动控制盘也控制建筑内的消防电梯和加压泵，接口为设置在 8 层的设备电气控制柜内，而标注依次为 6 根线、4 根线、2 根线（未注明），由此可以判断每一被控设备引入 2 根线，用以控制其启停。

从图 5-40 上可以看出此商务楼每楼层设置接线端子箱（接线端子箱一般会安装在消防专用或弱电竖井内），即楼层各功能水平总线接入系统总线的中间转接箱。箱内除设有接线用端子排、塑料线槽、接地脚外，由图 5-41 可知，此系统还安装有总线隔离模块 DG。

从图 5-41 上可以看出此商务楼的每一楼层设置一台火灾显示盘，可以为数字显示屏式或楼层模拟指示灯式，显示盘通过 RS-485 通信总线与报警主机之间进行报警信息的交换，并显示火灾发生的区域或房间。其工作电源可以取自火灾报警系统的 DC24V 电源总线。

从图 5-40 上可以看出此商务楼地下层纵向第 2 排，该图形符号为消火栓按钮，下面标注"×3"说明本层有 3 个消火栓箱，每个消火栓按钮除接入两总线报警控制系统外，还另接消防泵直接启动线 WDC，接口截面为消防泵电气控制箱。

从图 5-40 上可以看出系统图中地下层纵向第 3 排的图形符号为手动报警按钮，下面标注"×3"说明本层共设置 3 个按钮，对应平面图 5-42 中编号为 SB01～SB03 的手动报警按钮（图中未标出）。每个手动报警按钮还接入电话通信总线 FF，若消防便携式电话插入手动报警按钮面板上的电话插孔，即可与消防控制室联系。

从图 5-40 上可以看出系统图中首层纵向第 3 排的图形符号 FW 为水流指示器。

从图 5-41 上获悉系统的所有广播喇叭，均通过总线控制模块 1825 接入服务性广播和火灾广播，平常播放背景音乐，火灾时强切至火警广播。所有非消防电源 NFPS，火灾时通过总线控制模块 1825 关断。所有空气处理机组 AHU、新风机组 PAU，火灾时通过总线控制模块 1825 关断。所有非消防用电梯 L，火灾时通过多线控制模块 1807 强置返回底层。所有消防泵 FP、喷淋泵 IP、防排烟风机 E/SEF，火灾时通过多线控制模块 1807 实现被控设备的启停操作。

另外，从图 5-41 的首层平面图上可以看出：

（1）本层的报警控制线由位于横轴③、④之间，纵轴 E、D 之间的消防及广播值班室引出，呈星型引至引上引下处。

（2）本层引上线共有以下五处：在 2/D 附近继续上引 WDC；在 2/D 附近新引 FF；在 4/D 附近新引 FS、FC1/FC2、FP、C、S；9/D 附近移位，继续上引 WDC；9/C 附近继续上引 FF。

（3）本层联动设备共有以下四台：空气处理机 AHU 一台，在 9/C 附近；新风机 FAU 一台，在 10/A 附近；非消防电源箱 NFPS 一个，在 10/D-10/C 附近；消防值班室的火灾显示盘及楼层广播 AR1。

（4）本层检测、报警设施有探测器（除咖啡厨房用感温型，其他为感烟型）和消防栓按钮及手动报警按钮，分别为 4 点 2 点。

五、某高层建筑消防安全专项方案

一、引用规范与法规

《中华人民共和国消防法》（2009 年 5 月 1 日起施行）

《机关、团体、企业、事业单位消防安全管理规定》（2002 年 5 月 1 日起施行）

《建设工程施工现场消防安全技术规范》（2011 年 8 月 1 日起施行）

二、工程概况（表 5-3）

表 5-3　　　　　　　　　　　　　　工 程 概 况 表

工程名称	
建设单位	
建设地点	
结构类型	
建筑层数/高度	
建筑面积	
工期	

三、建筑结构概况、临时设施概况及施工对周边会影响较大的情况

四、高（超高）层建筑火灾的特点与扑救难点

超高层建筑由于其特殊的构造和功能要求，致使其内部火灾荷载大，火势蔓延迅速，人员疏散困难，救援难度大，形成重大火灾的隐患大。

（一）火灾荷载大

火灾荷载是衡量室内可燃物数量的参数，其来源主要包括大量使用的装饰装修材料、电气设备，其中不乏各种高分子材料。火灾荷载大，一方面会增加火灾时最高温度，另一方面也容易产生大量浓烟和有毒有害气体。火灾荷载越大，建筑物内发生火灾后参与燃烧的可燃物就越

多，燃烧释放出来的热量就越高，发生轰燃的时间就越短，对建筑物和人员的威胁也就越大。

（二）火灾蔓延快

由于高层建筑的结构特点，在其内部势必形成各种纵横交错的连通空间，横向如空调风管、排烟管道等，纵向如中庭、楼梯井、电梯井、各类管道电缆井、通风井等。各种管道和竖井在火灾中极易成为火灾蔓延的途径。尤其需要注意的是竖井，如果高层建筑内的竖井防火分隔存在问题，火灾中这些竖井就如同一座座"烟囱"，高度越高"烟囱"效应越明显。"烟囱"效应具有很大的抽力，使烟火以 3～5m/s 的速度迅猛向上蔓延，仅需 1min 就可将烟火蔓延至 200m 的高度，顷刻间使摩天大楼成为一片火海。另外，超高层建筑楼高风大。据测定，若 10m 高处的风速为 5m/s，30m 高处会超过 8m/s，90m 高处可达到 15m/s。随着建筑高度的增加，风力也会相应增大，一旦有火灾发生，风助火威，火借风势，势必会令火灾在短时间内蔓延。另外，超高层建筑的风压作用也会造成烟气聚集或扩散，增加建筑内部排烟难度，影响排烟效果，给人员疏散和救援带来更大困难。

（三）疏散难度大

1. 安全疏散手段有限

高（超高）层建筑平时垂直交通主要依靠施工电梯，由于普通施工电梯没有防火、防烟、防水等措施，火灾时不能使用。发生火灾时，楼梯是人员进行自救逃生、实现安全疏散的重要通道，而要想从大（摩天大）楼中通过楼梯疏散绝非一件容易的事情。

消防登高车是在建筑外部实施被动救援的主要登高设备，但是本工程项目所在地救援高度一般只能保障三五十米的高度。另外，外部登高救援受环境影响大，实施难度大，效率低，难以成为主要疏散手段。

2. 疏散距离远、时间长

由于楼层多，疏散距离长，疏散通道有限，且高度越高，人员越多，疏散时间就越长。

3. 疏散人流拥挤

发生火灾时，人的求生本能及恐惧心理强烈暴露，为急于逃生，人们往往一窝蜂地涌向安全通道，大量人流的汇集，极易发生拥挤堵塞，降低疏散效率，而且在慌乱中，难免发生踩踏、摔伤等惨剧，严重影响疏散安全。

（四）扑救难度大

高（超高）层建筑高度均超过 24（100）m，但目前装备最先进的消防登高车作业高度也仅能勉强达到 100m 高度，而一般的消防登高车作业高度仅能勉强达到 30m 至 50m 的高度，消防车从地面加压射水高度也很难达到起火点，而超高层建筑最大功率消防车从地面加压射水高度更难达到起火点，因此，对于此类火灾基本上不可能实施外部灭火和救援。由于楼层太高，登高难度极大，战斗展开空间受限，供水困难等原因，对高（超高）层建筑实施内攻难度也相当大。

五、高（超高）层建筑施工工地火灾危险源分析

（1）电焊作业是引发高层建筑施工工地火灾的最主要危险源。高层建筑施工，因现场钢筋连接、通风、取暖、给排水等设备安装、各类管道连接以及工程装修时都普遍使用电焊作业，电焊作业产生的火花、灼热熔珠四处飞溅散落，非常容易引起可燃物燃烧，酿成火灾事故。据高层建筑施工工地火灾案例资料，电焊作业引起火灾的占 90% 以上。

（2）高层建筑工地内存放有大量易燃、可燃材料，为火灾发生提供了必要条件。只要

接触明火等火源，高层建筑施工工地内存放的油毡、木材、泡沫板、油漆、粘合胶、防护网、保温材料等易燃可燃物品就可能发生火灾事故。

（3）高层建筑物内的平面和竖向防火分隔存在问题。空气水平、垂直流通迅速，烟囱效应明显，一旦发生火灾，火势发展快，上下左右蔓延快，在短时间内就可能发展成立体的大面积火灾。

（4）高层建筑内部未建成开通自动消防设施，消防用水匮乏，灭火救援难度大。由于高层建筑施工工地现场周围环境复杂，特种消防车辆很难靠近高层建筑，加上建筑内部未建成开通自动消防设施，消防用水匮乏，要从高层建筑的内部进行灭火时水压、水量无法满足灭火需要，导致高层建筑施工工地火灾扑救难度极大，特别在施工后期发生在中、高层甚至顶层的火灾，灭火难度更大。

（5）高层建筑内安全疏散设施不到位。高层建筑施工工地安全出口、疏散楼梯、疏散走道、疏散指示标志、应急照明等疏散设施没有完善或因现场堆放各种建材封堵了安全疏散通道，一旦发生火灾，无论是对施工人员还是消防营救人员，疏散和搜救的难度都非常大，极易造成人员伤亡。

（6）项目管理人员、施工人员消防安全意识差，未进行防火安全知识培训，未举行灭火疏散应急演习。施工作业人员不了解高层建筑的火灾特点和火灾规律，当施工现场发生火灾时，往往缺乏应急处置经验和能力，导致指挥扑救不力，容易小火酿成大灾。施工人员消防安全常识缺乏，思想上没有准备，如果施工单位又没有制定相应的灭火、疏散预案并组织施工人员进行演练，一旦发生火灾，更加会手忙脚乱，束手无策，导致人员疏散混乱。

针对上面所述的高（超高）层建筑火灾特点、扑救难点和火灾危险源分析，项目部将高度重视，对相关的工序，严格按照相关规定，采取针对性的技术措施，确保工程的消防安全。

六、消防安全组织机构

（一）本工程的消防安全管理组织机构

本工程的消防安全管理组织机构见表5-2及图5-42。

表 5-4 本工程消防安全管理组织人员安排表

序 号	姓 名	小组职务	项目职务	职 称
1		组长	项目经理、执行经理	
2		副组长	项目技术负责人	
3		副组长	安全主管	
4		组员	技术总工	
5		副组长	总工长	
6		组员	水电主管	
7		组员	工长	
8		组员	劳务负责人	
9		组员	劳务负责人	
10		组员	工长	
11		组员	给、排水工长	
12		组员	安全员	
13		组员	安全员	

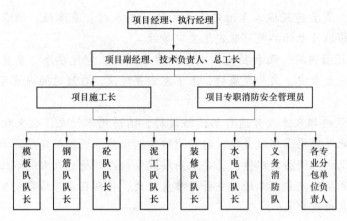

图 5-42　本工程消防安全管理组织安排

（二）消防安全职责划分

（1）项目经理：对项目的消防管理工作全面负责，是项目消防安全第一责任人。

（2）项目副经理：协助项目经理具体实施项目消防安全的各项管理工作。

（3）项目技术负责人：制定项目消防安全技术措施，督促、指导、落实消防安全措施，解决施工过程中的消防技术问题，负责在项目内开展消防安全知识培训，建立本项目的消防应急预案，并定期组织灭火逃生演练。

（4）项目专职消防安全管理员：负责项目消防安全日常管理工作，安排各项消防安全工作，并按规定组织检查。负责施工工地灭火器材配备和维护保养；督促落实施工工地火灾隐患整改工作。

（5）施工工长（专业工程师）：负责上级安排的消防安全工作的实施，制定本项目的消防安全方案并组织实施，进行施工前的消防安全交底工作，监督并参与班组的消防安全学习。

（6）项目义务消防队：参加项目部组织的消防演练并经常训练，熟练使用灭火器、消防栓等消防器材设施对火灾进行扑救。

七、本工程消防安全主要措施

（一）施工现场的消防安全条件

（1）施工现场设置 4m 宽的环形消防车通道（或 12m×12m 的回车场）满足消防车通行、停靠和救援作业要求；楼梯是高层建筑发生火灾时，高层建筑内部人员唯一的安全疏散通道。楼梯间禁止乱堆乱放材料物品，确保楼梯的畅通无阻。本工程分别将_____楼梯间作为安全疏散通道，在其出入口设置醒目的安全疏散通道标志，整个通道配置足够的应急照明，及时清理建筑垃圾和障碍物，规范材料堆放，保证消防通道畅通。

（2）施工现场按有关规定设置消防水源。在建工程临时室内消防给水系统的用水量，不应小于表 5-5 的规定。

表 5-5　　　　　　　　　　　　本工程临时室内消防给水系统用水量要求

建筑高度、在建工程体积	火灾延续时间/h	消火栓用水量/（L/s）	每支水枪最小流量/（L/s）
24m<建筑高度≤50m 或 30 000m³<体积≤50 000m³	1	10	5
建筑高度>50m 或体积>50 000m³	1	15	5

本工程消防用水由市政给水管网供给，经地面临时设施供水主管 DN100 接到建筑物底层，设 2 根 DN100 消防竖管，分两支路引上楼层，分别在_____安装，楼板预留口应在楼层砼浇灌时预留，并利用_____水池作为消防水池，水池容积为_____ m³，进水管为 DN100 常压供水；设 2 台可互为备用的足够扬程的变频加压水泵恒定的把消防水池内的水自动输送到层消防水池（容积大于 10m³），并通过二次增压再将_____层消防水池内的水往上输送，同样通过变频加压水泵恒定的把消防水池内的水自动输送到_____各层工作面，确保满足施工现场火灾扑救的消防供水要求（此项内容需绘制"楼层消防水源供水示意图"加以明示，参照图 5-43 绘制）。

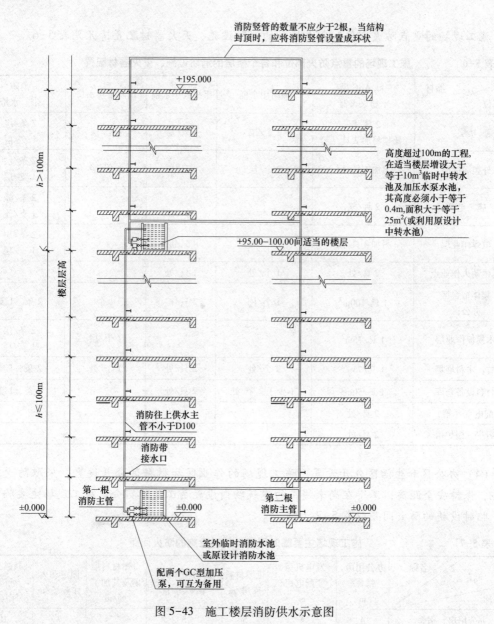

图 5-43　施工楼层消防供水示意图

（3）施工现场配备必要的消防设施和灭火器材。根据工程不同阶段的施工进度，在施工现场的重点防火部位和各个楼层同步安装室内外临时消火栓，配备水枪水带，以及灭火器、消防用水桶、竖井防火封堵等。每层的施工电梯进出口旁配置2具4kg ABC型干粉灭火器，木模板施工作业层（顶层）每75m²配置一具ABC型干粉灭火器，施工电梯内每间配置2具ABC型干粉灭火器。每个楼层分别设置2个接水口直径为65mm的消火栓，每1层设置2条消防水带，每条长度不少于25m且能够接长使用，所配水枪的喷嘴口径不小于19mm。另外，每个楼层分别设置2个消防用水桶，每个水桶的容积约0.3m³，设在施工电梯进出口两侧，并保证装满水备用，水桶旁边另配备手提式消防专用小桶各2只。

施工现场的重点防火部位和各个楼层的消防设施、灭火器材配置情况见表5-6。

表5-6　　　　　施工现场的重点防火部位和各个楼层的消防设施、灭火器材配置

部位 ＼ 器材	4kg ABC型 干粉灭火器	消防用水桶	手提式小水桶	消防带接水口	消防 带、水枪
楼层	2具/层 （裙楼另加2具/层）	2个/层	4只/层	1个/层	2条/层 1支/层
外架满铺层	另加4具/层	2个/层	4只/层	1个/层	2条/层 1支/层
施工电梯	2具/笼				2条/笼 1支/笼
电焊作业层	另加4具/层	2个/层	4只/层		2条/层 1支/层
其他动火作业点	2具/处	1个/处	1只/处		
集体宿舍区 办公区	1具/100m²	1个/栋	2只/栋	1个	2条、1支
木模板作业层	1具/75m²			1个/层	2条/层 1支/层
竹、木料堆场	1具/75m²	2个/处	2只/处	1个/处	2条、1支
材料设备仓库	1具/50m²	不少于2个/处	2只/处	1个/处	2条、1支
配电室（箱）	2具/处				
厨房、锅炉房	2具/处				

（4）办公区和生活区分开设置、施工现场的作业区和材料区分开设置，采取防火分隔措施，保持安全距离，不得在尚未竣工的建筑物内设置员工集体宿舍。施工现场主要临时用房、临时设施的防火间距以表5-7为准。

表5-7　　　　　施工现场主要临时用房、临时设施的防火间距

名称 ＼ 间距 ＼ 名称	办公用房、 宿舍/ m	发电机房、 变配电房/ m	可燃材料 库房/m	厨房操作间、 锅炉房/m	可燃材料堆 场及其加工 场/m	固定动火 作业场/m	易燃易爆 危险品 库房/m
办公用房、宿舍	4	4	5	5	7	7	10
发电机房、变配电房	4	4	5	5	7	7	10

续表

名称\间距\名称	办公用房、宿舍/m	发电机房、变配电房/m	可燃材料库房/m	厨房操作间、锅炉房/m	可燃材料堆场及其加工场/m	固定动火作业场/m	易燃易爆危险品库房/m
可燃材料库房	5	5	5	5	7	7	10
厨房操作间、锅炉房	5	5	5	5	7	7	10
可燃材料堆场及其加工场	7	7	7	7	7	10	10
固定动火作业场	7	7	7	7	10	10	12
易燃易爆危险品库房	10	10	10	10	10	12	12

注：1. 临时用房、临时设施的防火间距应按临时用房外墙边线或堆场、作业场、作业棚边线间的最小距离计算，当临时用房外墙有突出可燃构件时，应从其突出可燃构件的外缘算起。
2. 两栋临时用房相邻较高一面的外墙为防火墙时，防火间距不限。
3. 本表未规定的，可按同等火灾危险性的临时用房，临时设施的防火间距确定。

（5）已建成的建筑物楼梯保持畅通，楼梯内每层设置 2 具灭火器和临时防火安全门。施工脚手架内的作业层保持畅通，并搭设不少于 2 处与主体建筑内相衔接的通道口。

（6）建筑施工脚手架外挂的密目式安全网，必须符合阻燃标准要求，严禁使用不阻燃的安全网。

（7）高层焊接作业，要根据作业高度、风力、风力传递的次数，确定出火灾危险区域，并将区域内的易燃易爆物品移到安全地方。大雾天气及五级风时应当停止焊接作业。高层焊接作业应当办理动火证，动火处应当配备灭火器，并设专人监护，发现险情，立即停止作业，采取措施，及时扑灭火源。电焊作业应当完善隔挡和接渣盆等防护措施，避免焊渣飞溅掉落引起着火，挡板和接渣盆采用 0.5 厚铝板或 0.2 厚铁板制作，每次电焊作业必须有效地使用挡火板和接渣盆，或铺设防火布进行防护。

本工程所有高处电焊、气割等作业，必须使用接火盆、挡火板，根据作业面情况选择不同规格的接火盆、挡火板，如图 5-44 及图 5-45 所示。

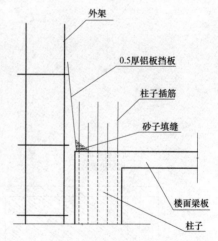

图 5-44　挡火板示意图

（8）建筑内的电梯井、电缆井、管道井应在每层楼板处采用不低于楼板耐火极限的不燃烧体或防火封堵材料封堵。避免发生火灾时形成"烟囱"效应。电梯井、电缆井、管道井的封堵图如图 5-46 所示。

（9）高层建筑施工临时用电线路应使用绝缘良好的橡胶电缆，严禁将线路绑在脚手架上。施工用电机具和照明灯具的电器连接处应当绝缘良好，保证用电安全。

（10）高层建筑应设立防火警示标志。楼层内不得堆放易燃可燃物品。在易燃处施工的人员不得吸烟和随便焚烧废弃物。

（二）加强施工过程的管控，及时发现并消除火灾隐患

针对高层建筑的高火灾风险，项目部要加强对在建高层建筑施工现场的消防监督检查，

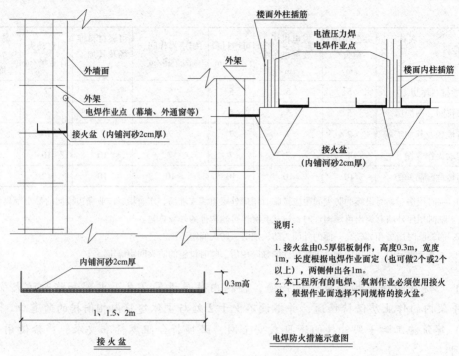

接 火 盆

电焊防火措施示意图

图 5-45 接火盆示意图

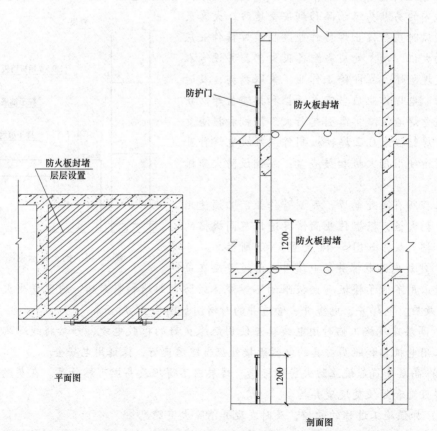

平面图

剖面图

图 5-46 电梯井、电缆井、管道井的封堵图

重点检查火灾隐患的整改情况以及防范措施的落实情况，疏散通道、消防车通道、消防水源情况，灭火器材配置及有效情况，用火、用电有无违章情况，重点工种人员及其他施工人员消防知识掌握情况，消防安全重点部位管理情况，易燃易爆危险物品和场所防火防爆措施落实情况，防火巡查落实情况等，对于不满足施工现场消防安全条件、施工现场消防安全责任制不落实的要及时督促整改。落实各项消防安全管理制度和操作规程，并设专职消防安全管理人员进行现场监督。动用明火必须实行严格的消防安全管理，禁止在具有火灾、爆炸危险的场所使用明火；需要进行明火作业的，动火的项目部和队组人员应当按照动火管理制度办理审批手续，落实现场监护人，在确认无火灾、爆炸危险后方可动火施工；动火施工人员应当遵守消防安全规定，并落实相应的消防安全措施；易燃易爆危险物品和场所应有具体防火防爆措施；电焊、气焊、电工等特殊工种人员必须持证上岗；将容易发生火灾、一旦发生火灾后果严重的部位确定为重点防火部位，实施防火巡查制度严格管理。通过加大监督执法力度，严厉查处违法违规行为，及时消除在建高层建筑火灾隐患，降低在建高层建筑火灾风险。

（三）强化消防宣传培训，增强业主消防安全自我管理能力

结合施工现场的实际情况，加大对消防法规、建筑火灾预防及消防安全管理知识的宣传及培训力度，培训内容为各级岗位人员有关消防法规、消防安全制度和保障消防安全的操作规程，岗位的火灾危险性和防火措施，有关消防设施的性能、灭火器材的使用方法，报火警、扑救初起火灾以及自救逃生的知识和技能等，通过教育保障施工现场人员具有相应的消防常识和逃生自救能力，增强在建高层建筑施工队组的消防安全管理能力，教育引导其各司其职、各负其责，共同落实好高层建筑消防安全管理职责，最大限度地预防建筑火灾，减少火灾危害。

（四）加强在建高层建筑初期火灾扑救和实战演练

根据国家有关消防法规和以建设工程安全生产法规的规定，建立施工现场消防组织，制定灭火和应急疏散预案，定期演练，提高施工人员及时报警、扑灭初期火灾和自救逃生能力。

高层建筑的消防工作，必须遵循"预防为主，防消结合"的消防工作方针，针对在建高层建筑发生火灾的特点，立足自防自救，采用可靠的防火措施，做到安全适用、技术先进、经济合理，从源头上预防火灾，做到防患于未然。

八、火灾事故应急预案

（一）目的与范围

坚持"预防为主，防消结合"的方针，根据高层建筑发生火灾时火势蔓延迅速、人员疏散困难、扑救难度大、火灾隐患多等特点，结合我公司施工实际情况，在发生高层建筑火灾事故时，能够及时、迅速、有效地控制火灾事故，最大限度地减少人员伤亡和财产损失，确保企业和职工群众生命财产的安全。本方案适用于本公司工程项目部在高层建筑施工生产发生火灾事故的处置。

（二）引用规范与法规

《中华人民共和国消防法》（2009年5月1日起施行）

《机关、团体、企业、事业单位消防安全管理规定》（2002年5月1日起施行）

《建设工程施工现场消防安全技术规范》（2011年8月1日起施行）

（三）火灾事故应急处置组织机构及其主要任务、工作要求（表5-8）

表5-8　　　　　火灾事故应急处置组织机构及其主要任务、工作要求

序号	姓　名	小组职务	项目职务	联系电话
1		指挥组副组长	项目负责人	
2		指挥组副组长	项目技术负责人	
3		疏散抢救组组长	总工长	
4		灭火组组长	安全主管	
5		灭火组副组长	安 全 员	
6		疏散抢救组副组长	安 全 员	
7		保卫警戒组组长	工长	

1. 指挥组

（1）指挥组成员：项目部经理任指挥长，项目副经理任副指挥长，项目部技术主管、总工长、安全主管及各有关队组负责人安全员为指挥组成员。

（2）指挥组主要工作任务：组织指挥灭火组、疏散抢救组、保卫警戒组按各组的分工迅速展开灭火、疏散警卫工作。

（3）指挥组工作要求：发生火灾时迅速赶到现场，根据火灾情况按照《灭火疏散处置方案》沉着、冷静开展指挥工作。

（4）指挥组工作目的：维护现场秩序，有效地组织灭火、疏散、抢救、警戒工作，减少人员伤亡，减少经济损失。

（5）指挥组工作注意事项：①是否向消防队报告火警；②现场火灾是否有易燃易爆物品；③掌握被困人员情况和受伤人员情况；④落实安全警戒工作。

2. 灭火组

（1）灭火组成员：组长为项目部总工长或专兼职消防安全管理员，副组长为义务消防队（组）长；由义务消防队员和施工管理人员组成。

（2）灭火组工作主要任务：利用灭火器、消防水源控制火势，快速灭火，抢救被火围困人员，保障疏散抢救工作顺利进行。

（3）灭火组工作要求：发生火灾时，迅速赶到现场，熟练地利用灭火器，启动消防水源加压泵，接好消防栓消防水带，快速有效地进行灭火；或就地取材采取其他灭火方法进行灭火。

（4）灭火组工作目的：控制火势，快速灭火和抢救伤员，减少人员伤亡，减少经济损失。

（5）灭火组工作注意事项：①救人第一；②集中兵力；③先控制后消灭；④先重点后一般；⑤妥善处理易燃易爆物品；⑥注意自身安全。

3. 疏散抢救组

（1）疏散抢救组成员：组长为项目部技术主管，副组长为材料设备负责人；成员由材料员、急救员、司机等组成。

（2）疏散抢救组工作主要任务：① 确定安全区域和疏散通道，引导疏散被火围困的人员；② 抢救运送伤员；③ 抢救火灾现场的物资，④ 做好安抚稳定情绪工作。

（3）疏散抢救组工作要求：发生火灾时，迅速赶到现场积极开展疏散抢救工作。

（4）疏散抢救组工作目的：快速疏散，积极抢救，减少人员伤亡，减少财产损失。

（5）疏散抢救组工作注意事项：① 先救人，后救物；② 注意发现被围困的人员和受伤人员；③ 注意自身安全。

4. 保卫警戒组

（1）保卫警戒组成员：组长为门卫班长或看场、护厂队组长，成员为全体值班看场人员。

（2）保卫警戒组工作主要任务：① 疏导交通和无关人员；② 迎接消防车；③ 认真警戒，禁止他人进入危险区域；④ 防止财产被盗被抢。

（3）保卫警戒组工作要求：① 发生火灾时要及时发现；② 会采取有效的方法和措施消灭初始火灾；③ 及时报告火警；④ 认真巡逻警戒，防止无关人员和车辆进入。

（4）保卫警戒组工作目的：保护财产和人员安全，防止坏人乘机破坏和偷抢物资。

（5）保卫警戒组工作注意事项：坚守岗位，注意观察，经常巡逻，及时发现和报告可疑情况。

（四）火情处置程序

一旦发生火灾，不必惊慌失措，而要沉着、及时向周围的人和现场有关负责人报告。应立足于自救，尽可能将火扑灭在初起阶段，以减少损失。发生火灾后，在及时自救的基础上，应立即向公安消防部门报警。报警方法主要是拨打"119"电话报警，要注意以下几点。

（1）拨通"119"后，应报清发生火灾的单位名称、具体失火地点，如街道门牌号、是否是高层建筑，以便消防车迅速及时赶到。

（2）而后要向消防部门报告燃烧物品，是电气火灾，还是煤气、液化石油气火灾，并报告火势燃烧情况，如燃烧在几楼，火势是否已经烧穿屋顶等情况。

（3）所有员工应熟悉报警程序，发现事故征兆，如电源线产生火花，某个部位有烟气、异味等。现场第一发现人员应立即报告值班领导或有关负责人，有报警器的按报警器报警，现场人员应及时进行自救灭火，防止火情扩大。

（4）项目部现场值班领导或有关负责人接报后，立即到达事故现场了解情况，组织人员进行自救灭火。并报告本单位负责人或应急救援指挥部，做好现场灭火处置工作。

（五）初起火灾的扑救

1. 灭火的基本方法

物质燃烧必须同时具备三个必要条件，即可燃物、助燃物和着火源。根据这些基本条件，一切灭火措施都是为了破坏已经形成的燃烧条件，或终止燃烧的连锁反应而使火熄灭。灭火的基本方法有以下四种。

（1）冷却法：如用水扑灭一般固体物质如竹木材料、纸类的火灾，通过水吸收大量热量，使燃烧物的温度迅速降低，最后使燃烧终止。

（2）窒息法：如用二氧化碳、氮气、水蒸气等降低氧气浓度，使燃烧不能持续。

（3）隔离法：如用泡沫灭火剂灭火，泡沫覆盖燃烧体表面，在冷却的同时让火焰和空气隔离开来，达到灭火的目的。

（4）化学抑制法：如用干粉灭火剂通过化学作用，破坏燃烧的链式反应，使燃烧终止。

2. 扑救初起火灾注意事项

（1）一旦发生火灾，应立即就地取材进行灭火，如用灭火器、砂子、麻袋、棉被等迅速将火焰盖住，然后浇水扑打，将火焰扑灭。在积极自救灭火的同时拨打"119"火警电话向公安消防部门报警。

（2）扑救高层建筑工程施工发生的火灾，应迅速启动消防水源加压设施，以保障消防供水。

（3）如果是煤气、液化石油气、乙炔气火灾，应首先切断气源。可用湿的毛巾、湿棉布包手将阀门关闭。如果钢瓶阀门无法关闭、扑灭后又无法堵漏时，则应将钢瓶移至无可燃物处，不断往瓶体泼水降温，让其燃烧完后自行熄灭。

（4）如果是竹木材料、纸类火灾或一般物品火灾，可以直接用水扑救。

（5）油桶起火，可直接将桶盖盖上，窒息灭火。

（6）扑救火灾时，不要随便开启门窗，因为开启门窗，使空气大量流入，会加速火势蔓延速度。

（六）火灾处置程序

（1）一旦火情蔓延扩大，现场指挥人员要立即通知各救援小组快速集结，快速反应履行各自职责投入灭火行动。

（2）按指挥人员要求，通信联络组向公安消防机构报火警，及时向有关部门报告，派人接应消防车辆，并随时与应急救援指挥部取得联系。

（3）灭火小组在公安消防人员到达事故现场之前，应根据不同类型的火灾，采取不同的灭火方法，积极灭火自救和撤离周围易燃可燃物品等办法控制火势。

（4）在有可能形成有毒或窒息性气体的火灾时，应佩戴隔绝式氧气呼吸器或采取其他措施，以防救援灭火人员中毒，当公安消防人员到达事故现场后，听从指挥积极配合专业消防人员完成灭火任务。

（5）疏散组应通知引导各部位人员尽快疏散，尽量通知到应撤离火灾现场的所有人员。在烟雾弥漫中，要用湿毛巾掩鼻，低头弯腰逃离火场。

（6）火灾现场指挥人员随时保持与各小组的通信联络，根据情况可互相调配人员。

（7）进行自救灭火，疏导人员、抢救物资、抢救伤员等救援行动时，应注意自身安全，无能力自救时各组人员应尽快撤离火灾现场。

（8）火情已被扑灭，做好现场保护工作，待有关部门对事故情况调查后，经同意，做好事故现场的清理工作。

（七）电气设备着火处置措施

（1）电线、电气设施着火，应首先切断供电线路及电气设备电源。

（2）电气设备着火，灭火人员应充分利用现有的消防设施，装备器材投入灭火战斗。

（3）及时疏散事故现场有关人员及抢救疏散着火源周围的物资。

（4）着火事故现场由熟悉带电设备的技术人员负责灭火指挥或组织消防灭火组进行扑灭电气火灾。

（5）扑救电气火灾，可选用卤代烷1211灭火器和干粉灭火器、二氧化碳灭火器，不得使用水、泡沫灭火器灭火。

（6）扑救电气设备着火时，灭火人员应穿绝缘鞋、戴绝缘手套，防毒面具等措施加强自我保护。

（八）现场抢救受伤人员处置

（1）被救人员身上衣服着火时，可就地翻滚，或用水喷淋，或用毯子、被褥等物覆盖将火扑灭，被火烧伤处的衣、裤、袜应剪开脱去，不可硬行撕拉，伤处用消毒纱布或干净棉布覆盖，并立即送往医院救治。

（2）对烧伤面积较大的伤员要注意呼吸，心跳的变化，必要时进行心脏复苏。

（3）对有骨折出血的伤员，应作相应的包扎，固定处理，搬运伤员时，以不压迫伤面和不引起呼吸困难为原则。

（4）可拦截过往车辆，将伤员送往附近医院进行抢救救治。

（5）抢救受伤严重或在进行抢救伤员的同时，应及时拨打急救中心电话（120），由医务人员赶来进行抢救伤员的工作，应派人接应急救车辆。

（九）灭火结束

灭火结束后，注意保护好现场，积极配合有关部门的调查处理工作，并做好伤亡人员的善后处理。调查处理完毕后，经有关部门同意，立即组织人员进行现场清理，尽快恢复生产经营活动。

九、消防设施、消防器材及应急疏散方向平面布置图

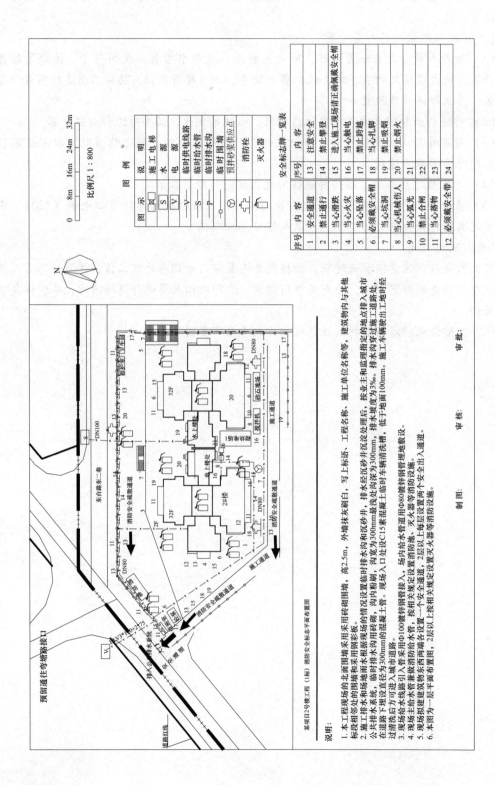

某项目2号楼工程（1标）消防安全标志平面布置图

说明：

1. 本工程现场的北面围墙采用采用砖砌围墙，高2.5m，外墙抹灰刷白，写上标语，标段相邻处的围墙采和采用钢彩板。
2. 施工排水和场地雨水根据现场的情况设置临时排水沟和沉砂井，排水经沉砂井沉淀处理后，按业主和临理指定的地点排入城市公共排水系统，临时排水沟采用砖砌，沟内粉刷，沟宽为300mm最浅处沟深为300mm，排水坡度为3‰。排水沟过滤过程穿过施工道路处，低于地面100mm。施工车辆驶出工地时经过清洗后可进入城市道路。现场入口处设C15素混凝土过水槽，现场入口处径直入城市道路。
3. 现场给水线路引入管采用Φ100镀锌钢管接口，场内给水管道用Φ80镀锌钢管埋地敷设。
4. 现场主给水管兼做消防给水管，按相关规定设置消防池，灭火器等消防设施。
5. 现场拟建建筑物东西两端各设置一个安全通道，2层以上每层设置两个安全出入通道。
6. 本图为一层平面布置图，2层以上按相关布置图，2层以上按相关规定设置设置灭火器等消防设施。

制图：　　　审核：　　　审批：

第六章　有线电视系统图

第一节　卫星、有线、闭合电视系统图识读

一、卫星电视系统组成

1. 卫星电视系统传输方式

卫星电视有两种传输方式：电视信号分配方式和直播电视方式。有线电视系统使用的是前一种电视信号分配方式。

2. 卫星电视转播原理

利用通信卫星进行电视转播，就是将电视节目由电视演播中心通过卫星地面发射站，用定向天线向太空中定点于赤道上空的距地面 36 000km 高空的卫星发射微波电视信号（上行频率 f_1），卫星中的转发器接收到来自地面的电视信号，经过放大、变换等一系列处理，再通过卫星传输到地面（下行频率 f_2）。在卫星地面接收站安装高增益的接收天线，接收到卫星转播的电视节目后，再通过有线电视系统向有线电视用户转播。一颗卫星几乎可以覆盖地球表面的 40%。

3. 卫星电视系统图组成图

图 6-1 所示为利用静止卫星转发电视信号示意图，图 6-2 所示为卫星电视广播系统工作示意图，图 6-3 所示为广播电视台卫星电视、广播信号流程图，图 6-4 所示为卫星电视接收天线基本结构。

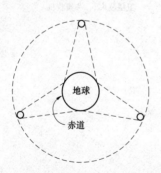

图 6-1　利用静止卫星转发电视信号示意图

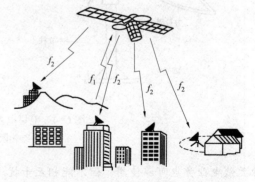

图 6-2　卫星电视广播系统工作示意图

小提示：

（1）固定卫星业务（静止通信卫星业务）和卫星广播电视业务分配的下行频率，因受技术条件的限制，目前仍以 L、S、C、Ku 四个波段为主。划分给卫星广播电视的频率，其

115

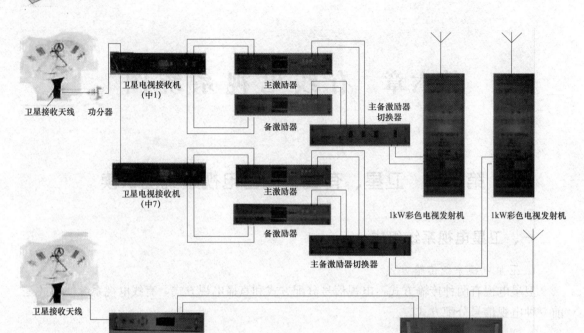

图 6-3　广播电视台卫星电视、广播信号流程图

注：黄线代表视频信号线，黑、红线代表音频信号左右声道信号线。电源由 30kVA 三相交流稳压器供给。

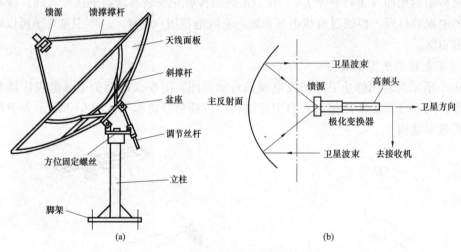

(a)　　　　　　　　　　　(b)

图 6-4　卫星电视接收天线基本结构

（a）结构图；（b）剖面图

他无线电业务也可以使用，但不能相互干扰。

（2）C 波段是目前使用最多的卫星下行工作频段，很多国家的卫星通信和卫星广播电视都在这个频段，国际卫星通信组织提供给各国租用的国际卫星电视频道，也在这个频段内。

（3）Ku 波段是目前各国发展卫星电视所采用的主要频段，该频段可以接收小型地面接收天线，并且便于家用接收，受外界干扰小，但受雨水吸收影响大。

二、有线电视系统组成

1. 有线电视系统的分类

(1) 按系统的传输方式分类。

1) 混合型传输系统。采用光缆、微波、电缆混合方式传输信号，一般适用于大中型以上有线电视系统。

2) 微波和同轴电缆混合型系统。适用于地形复杂或部分路段不易铺设电缆的地区。

3) 光缆和同轴电缆结合的传输系统。适用于大中型以上的有线电视系统。

4) 全同轴电缆系统。适用于小型有线电视系统。

5) 全光缆传输系统。从干线到用户终端均采用光缆，是今后的发展方向。

(2) 按系统规模分类。有线电视系统按系统规模和人口数量多少的分类情况列于表 6-1 中。

表 6-1　　　　　　　　有线电视系统按系统规模和人口数量多少分类

系统规模	传输距离/km	人口数量	适用范围
小型系统	<1.5	几万人以下	乡、镇、厂矿企业及居民区
中小型系统	>5	20 万人左右	一般小城市和县城
中型系统	5~15	50 万人左右	一般中等城市
大型系统	>15	100 万人左右	省会城市
特大型系统	>20	100 万人以上	大城市

(3) 按工作频率分类。

1) 750MHz 邻频传输系统。550MHz 邻频传输系统的工作频率为 48.5~750MHz。系统最多可容纳 79 个频道的信号，其中有 DS1~DS42 频道，Z1~237 频道。750MHz 邻频传输系统用于近年来采用的光缆传输系统。

2) 450MHz 邻频传输系统。450MHz 邻频传输系统的工作频率为 48.5~450MHz。系统最多可容纳 47 个频道的信号，其中有 DS1~DS12 频道，Z1~235 频道。450MHz 邻频传输系统多用于大城市的有线电视系统。

3) 300MHz 邻频传输系统。300MHz 邻频传输系统的工作频率为 48.5~300MHz。国家规定的 68 个频道是跳跃的、不连续的，所以可以在系统内部利用不连续的频率增设频道，用 Z 表示。这种系统容量最多可容纳 28 个频道的信号，其中有 DS1~DS12 频道，Z1~26 频道，还有多套调频广播信号。但因 DS5 的工作频率与调频广播频率部分重叠，一般不采用，所以，也可认为该系统最多能容纳 27 个频道的信号。传统的电视机不能接收增设的频道，这样用户就需要增加一台机上变换器才能收看到所有频道的信号。

300MHz 邻频传输系统多用于中小城市的有线电视系统。

4) 全频道系统。全频道系统的工作频率为 48.5~958MHz，其中 VHF 频率段有 DS1~DS12 频道，UHF 频率段有 DS13~DS68 频道。从理论上来说，可以容纳 68 个频道，用 DS 表示，但实际上只能传输约 12 个频道信号，传输距离一般不超过 1000m。

5) 550MHz 邻频传输系统。550MHz 邻频传输系统的工作频率为 48.5~550MHz。系最多可容纳 59 个频道的信号，其中有 DS1～DS22 频道，Z1～Z37 频道。近几年来，有线电视系统多采用 550MHz 邻频传输系统。

2. 有线电视系统的组成

不管是多么复杂的有线电视系统，均可看成是由前端、干线传输系统和分配系统三个部分组成的，如图 6-5 所示。

图 6-5　有线电视系统的组成

不同的系统，所用器件也不相同，视具体情况而定。在远离城市的地区或城市有线电视网无法通达的区域，有线电视系统中需要设置带有前端设备的共用天线系统。在城市有线电视网能够通达的地区，只需用电视电缆将建筑物室内网络与城市有线电视网连接起来，并在系统中适当位置设置线路放大器，就能满足收视要求。

前端部分一般包括：接收天线、自办节目设备、频道变换器（U-V 转换器）、天线放大器、混合器及各种线路放大器等。信号传输和分配系统主要包括干线放大器、分配器、分支器、用户终端等。

图 6-6 所示为有线电视系统的基本组成。

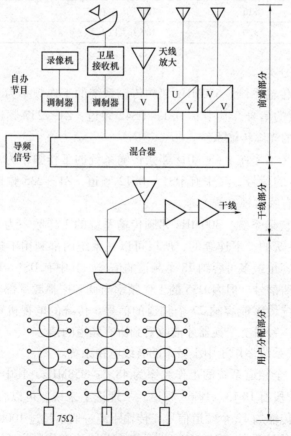

图 6-6　有线电视系统的基本组成

118

（1）前端部分。有线电视前端部分组成见表 6-2。

表 6-2　　　　　　　　　　　　　　有线电视前端部分组成

类别	内　容
天线	1）天线用来接收电视台向空中发射的无线电信号，将其转换为相应的电信号，并在多个电信号中，有选择的接收指定的电视信号并抑制干扰信号，将指定的电视信号放大后送入混合器。 2）接收天线的种类有很多，按工作频段分有 VHF（甚高频）天线、UHF（特高频）天线、SHF（超高频）天线、EHF（极高频）天线；按工作频道分有单频道天线、多频道天线、全频道天线；按结构分有半波振子天线、折合振子天线、多单元天线、扇形天线、环形天线、对数周期天线、八木天线、V 形天线等；按方向性分有定向天线和可变方向天线；按增益大小分有低增益天线和高增益天线。 3）由于各电视台的发射方向不同，接收场强不同，所以最好采用单一频道的天线。 4）电视信号的方向性极强，天线对信号接收的方向性也很强，为了更好地接收，架设时必须指向电视发射台方向或信号最强方向
放大器	放大器用来放大有线电视系统传输的电视信号，以保证信号的有效传输。 常见的放大器有：天线放大器；频道放大器，一般用在混合器的前端，为单频道放大器；干线放大器，用在干线中补偿干线电缆的传输损耗；分配放大器，安装于干线的末端；线路延长放大器，安装在支干线上，用来补偿支线电缆的传输损耗和分支器的分支损耗。 电视信号的强弱不等，有些边远地区信号接收时太弱，这就需要用天线放大器把信号加强。天线放大器的放大倍数称为增益，用 dB 表示。天线放大器是对某个频道用的，哪个频道的信号弱，就选用哪个频道的天线放大器，它装在天线下 1m 内，并装有防雨盒，其电源在室内控制箱内
混合器	1）混合器将两路或多路不同频道的电视信号混合成一个复合信号再送到各用户供其选择收看，它可以消除一部分干扰信号。 2）混合器按工作频率分为频道混合器、频段混合器和宽带混合器；按混合路数分为二混合器、三混合器、四混合器、多混合器等，按工作原理分为有源混合器和无源混合器。 3）混合器的作用如图 6-7 所示
频道变换器	1）频道变换器又称为频率变换器、频道转换器，它的作用是将一个或多个频道的电视信号进行频道转换。 2）频道变换器按电路结构分有一次变频和二次变频；按工作原理分有上变频和下变频；按频段变换方式分有 U-V 变换、V-U 变换和 V-V 变换等。 3）对只有 12 个频道的系统，若要接收 13 频道以上频率的电流信号，须先经一个 U-V 转换器，将其转换为 12 个频道中的空闲频道的频率信号，再送入混合器
调制器	1）调制器的作用是将自办节目中的摄像机、录像机、VCD、DVD、卫星电视接收机、微波中继等设备输出的音频信号和视频信号加载到高频信号上，以便传输，并将有线电视系统开路接收的甚高频和特高频信号经过解调和调制，使之符合邻频传输的要求。 2）调制器按工作原理分为中频调制式和射频调制式；按组成器件分为分离元件调制器和集成电路调制器

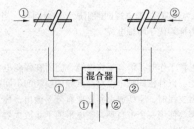

图 6-7　混合器的作用

（2）干线传输系统。有线电视系统中，各种信号都是通过传输线（馈线）传输的，有线电视干线传输系统见表 6-3。

表 6-3   有线电视干线传输系统

类别	内　容
同轴电缆组成	（1）同轴电缆的组成。 1）同轴电缆的组成一般有从内到外的内导体、绝缘体、外导体和护套四层，用介质使内、外导体绝缘并保持轴心重合。 2）内导体通常是实芯铜导体，也可采用空心铜管或双金属线。 3）常用的绝缘体是介质损耗小、工艺性能好的聚乙烯，绝缘的方式有实芯绝缘、半空气绝缘和空气绝缘三种。其中半空气绝缘的电气，机械性能较好，被广泛采用。 4）外导体既可传输信号，又有屏蔽的作用，它的结构有三种：金属管状，屏蔽最好，但柔软性差，常用于干线上；铝箔纵包搭接，屏蔽作用较好，成本低，但会有电磁波泄漏，所以较少采用；铜网和铝箔纵包组合，质量轻、柔软性好、接头可靠、具有屏蔽作用，应用较为广泛。 5）同轴电缆的护套由聚乙烯或聚氯乙烯材料制成，具有一定的抗老化性能。 （2）同轴电缆的型号。 1）同轴电缆的型号组成。 2）分类代号—绝缘—护套—派生—特性阻抗—芯线绝缘外径—结构序号。主要字母代号的意义：S——同轴射频电缆；Y——聚乙烯；YK——聚乙烯纵孔半空气绝缘；D——稳定聚乙烯空气绝缘；V——聚氯乙烯。如 SYKV-75-5 表示射频同轴电缆、聚乙烯纵孔半空气绝缘（耦芯）、聚氯乙烯护套。 同轴电缆不向外产生辐射，对静电场有一定的屏蔽作用，但无磁屏蔽作用。对不同频率的干扰信号，其电屏蔽效果不同，频率越低，屏蔽作用越差。 为减小传输损耗，干线上使用较粗的同轴电缆，以减小传输损耗；支线的分配线使用细一些的同轴电缆，以便于安装，且每隔一段距离就要用一个干线放大器来提高信号电平。 同轴电缆不能靠近低频信号线路，也不能与有强电流的线路并行敷设。 对同轴电缆的要求是：低损耗、抗干扰能力强、屏蔽作用好、弯曲性好、质量轻、价格低
光缆	与电缆相比，光缆具有传输损耗小、频带宽、容量大、不受电磁和雷电干扰、不干扰附近电器、没有电磁辐射、一般中途不需接续等优点。近年来国内外的一些大中城市正在逐步采用光缆代替同轴电缆作为有线电视系统干线的传输媒体，使有线电视系统达到了更高的技术水平。 光缆结构示意图如图 6-8 所示，它的里面是光导纤维，可以是一根或多根捆在一起。电视系统使用的是多根光纤的光缆，其中 KEVLAR 是增加光缆抗拉强度的纱线。 光纤是一层带涂层的透明细丝，直径为几十到几百微米，光纤结构示意图如图 6-9 所示，外层的缓冲层、外敷层起保护作用；纤芯和包层由超高纯度的二氧化硅制成，分为单模型和多模型。电视光缆使用单模光纤。纤芯是中空的玻璃管。由于纤芯和包层的光学性质不同，光线在纤芯内被不断反射。电视光缆中传输的是被电视信号调制的激光，产生激光信号的设备是光发送机。电视台用光发送机把混合好的电视信号通过光缆发送出去；在光缆的另一端，用光接收机把光信号转换回电视信号，经放大器放大后送入电缆分配系统。光缆传输示意图如图 6-10 所示。 图 6-11 所示为光缆+电缆电视网的组成。一般而言，当干线传输距离大于 5km 时，采用光缆的造价和性能指标均优于同轴电缆
干线放大器	干线放大器正常工作时，需有工作电源，因而在强弱电设计中应统一加以考虑。干线放大器还具有均衡功能，以补偿同轴电缆对高低频的损耗的不同。 当干线上分出支线时，干线放大器就要有分支输出，称为干线分支放大器，即分支放大器。 每过一段距离要使用一个带自动调整电平的干线放大器，自动调整有气温变化、湿度变化和频率损耗时而引起的电平起伏

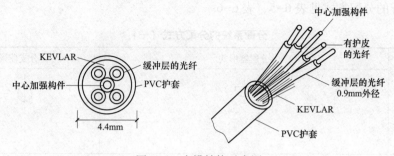

图 6-8 光缆结构示意图

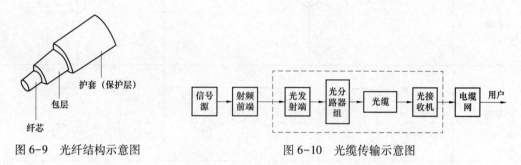

图 6-9 光纤结构示意图　　　　　图 6-10 光缆传输示意图

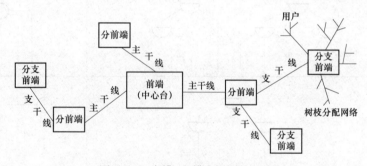

图 6-11 光缆+电缆电视网的组成

（3）分配系统。分配系统组成见表 6-4。

表 6-4　　　　　　　　　　　分 配 系 统 组 成

类别	内　　　容
分配器	分配器的作用是将输入信号尽可能均匀地分配到各输出线路及用户，且各输出线路上的信号互不影响，相互隔离。常用的分配器有二分配器、三分配器和四分配器，其他形式的分配器可由它们的组合构成。分配器如图 6-12 所示
分支器	分支器的作用是从干线（或支干线）上取出一小部分信号经衰减后馈送到各用户终端，它具有单向传输特性。目前，我国生产的分支器有一分支器、二分支器和四分支器等规格。分支器都是串联的，必要时还可以利用延长放大器，使用户数量增多。图 6-13 所示为分支器
终端插座盒	终端插座盒是有线电视系统暴露于室内的部件，是系统的终端，也称为用户盒。终端插座有两种形式：一是暗装的三孔插座板和单孔插座板；另一种是明装的三孔终端盒和单孔终端盒。它是将分支器传来的信号和用户相连接的装置，电视机从这个插座得到电视信号。终端插座的外形和安装位置对室内装饰会产生一定的影响。终端插座盒如图 6-14 所示

分配系统的分配方式见表6-5、表6-6。

表6-5   分配系统的分配方式（一）

回路	分配器形式	分支器形式
二路		
三路		
四路		
五路		
六路		
七路		

表6-6   分配系统的分配方式（二）

户型	四户	六户	八户	十户	十二户	十四户	十六户
分支分配网络							

续表

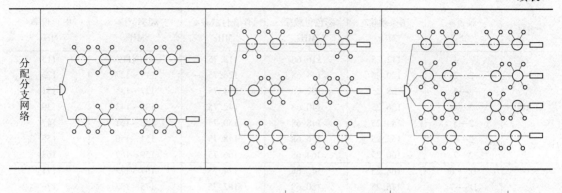

图 6-12　分配器　　　　　　　　　　　　　图 6-13　分支器

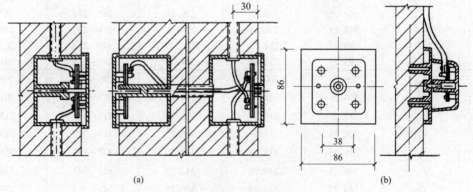

(a)　　　　　　　　　　　　　　　　(b)

图 6-14　终端插座盒

(a) 用户盒暗装；(b) 用户盒明装

3. 电视频道的划分

我国电视频道划分见表 6-7，图 6-15 所示为低上频带使用的频谱。

表 6-7　　　　　　　我国电视频道划分（625/彩色 PAL-D 制式）

频段	频道/ ch	图像载频/ MHz	彩色付载频/ MHz	伴音付载频/ MHz	频率范围/ MHz	中心频率/ MHz
	DS—1	49. 75	54. 18	56. 25	48. 5～56. 5	52. 5
	DS—2	57. 75	62. 18	64. 25	56. 5～64. 5	50. 5
I	DS—3	65. 75	70. 18	72. 25	64. 5～72. 5	68. 5
	DS—4	77. 25	81. 68	83. 75	76～84	80
	DS—5	85. 25	89. 68	91. 75	84～92	88

频段	频道/ch	图像载频/MHz	彩色付载频/MHz	伴音付载频/MHz	频率范围/MHz	中心频率/MHz
A₁	Z—1	112.25	116.68	118.75	111N119	115
	2—2	120.25	124.68	126.75	119～127	123
	2—3	128.25	132.68	134.75	127～135	131
	2—4	136.25	140.68	142.75	135～143	139
	2—5	144.25	148.68	150.75	143～151	147
	2—6	152.25	156.68	158.75	151～159	155
	2—7	160.25	164.68	166.75	159～167	163
Ⅲ	DS—6	168.25	172.68	174.75	167～175	171
	DS—7	176.25	180.68	182.75	175～183	179
	DS—8	184.25	188.68	190.75	183～191	187
	DS—9	192.25	196.68	198.75	191～199	195
	DS—10	200.25	204.68	206.75	199～207	203
	DS—11	208.25	212.68	214.75′	207～215	211
	DS—12	216.25	220.68	222.75	215～223	219
A₂	Z—8	224.25	228.68	230.75	223N231	227
	Z—9	232.25	236.68	235.75	231～239	235
	Z—10	240.25	244.68	246.75	239～247	243
	Z—11	248.25	252.68	254.75	247N255	251
	2—12	256.25	260.68	262.75	255～263	259
	2—13	264.25	268.68	270.75	263～271	267
	2—14	272.25	276.68	278.75	271～279	275
	2—15	280.25	284.68	286.75	279～287	283
	2—16	288.25	292.68	294.75	287～295	291
B	Z_{17}	296.25	300.68	302.75	295～303	299
	Z_{18}	304.25	308.68	310.75	303～311	307
	Z_{19}	312.25	316.68	318.75	311～319	315
	Z_{20}	320.25	324.68	326.75	319～327	323
	Z_{21}	328.25	332.68	334.75	327～335	331
	Z_{22}	336.25	340.68	342.75	335～343	339
	Z_{23}	344.25	348.68	350.75	343～351	347
	Z_{24}	352.25	356.68	358.75	351～359	355
	Z_{25}	360.25	364.68	366.75	359～367	363
	Z_{26}	368.25	372.68	374.75	367～375	371
	Z_{27}	376.25	380.68	382.75	375～383	379
	Z_{28}	384.25	388.68	390.75	383～391	387
	Z_{29}	392.25	396.68	398.75	391～399	395
	Z_{30}	400.25	404.68	406.75	399～407	403
	Z_{31}	408.25	412.68	414.75	407～415	411
	Z_{32}	416.25	420.68	422.75	415～423	419
	Z_{33}	424.25	428.68	430.75	423N431	427
	Z_{34}	432.25	436.68	438.75	431～439	435
	Z_{35}	440.25	444.68	449.75	439～447	443
	Z_{36}	448.25	452.68	454.75	447～455	451
	Z_{37}	456.25	460.68	462.75	455～463	459

续表

频段	频道/ ch	图像载频/ MHz	彩色付载频/ MHz	伴音付载频/ MHz	频率范围/ MHz	中心频率/ MHz
Ⅳ	DS—13	471.25	475.68	477.75	470~478	474
	DS—14	479.25	483.68	485.75	478~486	482
	DS—15	487.25	491.68	493.75	486~494	490
	DS—16	495.25	499.68	501.75	494~502	498
	DS—17	503.25	507.68	509.75	502~510	506
	DS—18	511.25	515.68	517.75	510~518	514
	DS—19	519.25	523.68	525.75	518~526	522
	DS—20	527.25	531.68	533.75	526~534	530
	DS—21	535.25	539.68	541.75	534~542	538
	DS—22	543.25	547.68	549.75	542~550	546
	DS—23	551.25	555.68	557.75	550~558	554
	DS—24	559.25	563.68	565.75	558~566	582
Ⅴ	DS—25	607.25	611.68	613.75	606~614	610
	DS—26	615.25	919.68	621.75	614~622	618
	DS—27	623.25	627.68	629.75	622~630	626
	DS—28	631.25	635.68	637.75	630~638	634
	DS—29	639.25	643.68	645.75	638~646	642
	DS—30	647.25	651.68	653.75	646~654	650
	DS—31	655.25	659.68	661.75	654~662	658
	DS—32	663.25	667.68	669.75	662~670	666
	DS—33	671.25	675.68	677.75	670~678	674
	DS—34	679.25	683.68	685.75	678~686	682
	DS—35	687.25	691.68	693.75	686~694	690
	DS—36	695.25	699.68	701.75	694~702	698
	DS—37	703.25	707.68	709.75	702~710	706
	DS—38	711.25	715.68	717.75	710~718	714
	DS—39	719.25	723.68	725.75	718~726	722
	DS—40	727.25	731.68	733.75	726~734	730
	DS—41	735.25	739.68	741.75	734~742	738
	DS—42	743.25	747.68	749.75	742~750	746
	DS—43	751.25	755.68	757.75	750~758	754
	DS—44	759.25	763.68	765.75	758~766	762
	DS—45	767.25	771.68	773.75	766~774	770
	DS—46	775.25	779.68	781.75	774~782	778
	DS—47	783.25	787.68	789.75	782~790	786
	DS—48	791.25	795.68	797.75	790~798	794
	DS—49	799.25	803.68	805.75	798~806	802
	DS—50	807.25	811.68	813.75	806~814	810
	DS—51	815.25	819.68	821.75	814~822	818
	DS—52	823.25	827.68	829.75	822~830	826
	DS—53	831.25	835.68	837.75	830~838	834
	DS—54	839.25	843.68	845.75	838~846	842
	DS—55	847.25	851.68	853.75	846~854	850
	DS—56	855.25	859.68	861.75	854~862	858
	DS—57	863.25	867.68	869.75	862~870	866
	DS—58	871.25	875.68	877.75	870~878	874
	DS—59	879.25	883.68	885.75	878~886	882
	DS—60	887.25	891.68	893.75	886~894	890
	DS—61	895.25	899.68	901.75	894~902	898
	DS—62	903.25	907.68	909.75	902~910	906
	DS—63	911.25	915.68	917.75	910~918	914
	DS—64	919.25	923.68	925.75	918~926	922
	DS—65	927.25	931.68	933.75	926~934	930
	DS—66	935.25	939.68	941.75	934~942	938
	DS—67	943.25	947.68	949.75	942~950	946
	DS—68	951.25	955.68	957.75	950~958	954

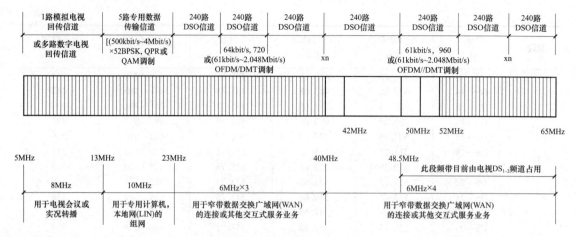

图6-15 低上行频带使用的频谱

图6-15中5～40MHz为上行频带，用以数字电视信号的回传，以及娱乐通信信号的传送，包括各分前端覆盖区域，主要用于按照要求设立专用计算机网的需求。设立720路DSO信道可以在相当长的时间内满足光节点上用户的窄带数据交换及其他交互式服务要求。今后随发展需要的增加，上行频带扩展到65MHz，可对所有入网用户提供更广泛的交换式的多媒体服务。

三、闭路电视系统的组成

1. 闭路电视系统的类别

闭路电视系统的类别见表6-8。

表6-8 闭路电视系统的类别

类别	内　容
摄像机	（1）摄像机是闭路电视系统发送端，安装在监视场所。它通过摄像管将现场的光信号转变为电信号传送到接收端，又由电缆传输给安装在监控室的监视器上并还原为图像。为了调整摄像机的监视范围，将摄像机安装在云台上。摄像镜头安装在摄像机前部，用于从被摄体收集光信号。 （2）目前广泛使用的是CCD（电荷耦合器件）摄像机，其特点是使用环境照度低、寿命长、质量轻、体积小、可以适应强光源等，它的性能指标主要有分辨率、最小照度、摄像面积、扫描制式、供电方式、镜头安装方式等。图6-16所示为摄像结构图。 （3）可根据设计要求选择摄像机的供电电源，选配不同型号的镜头、防护罩、云台、支架等。 （4）镜头选用时，其尺寸和安装方式必须与摄像机镜头尺寸和安装方式相同，并且应根据摄像机视场的高度和宽度及镜头到监视目标的距离来确定焦距，根据焦距选择合适的镜头。镜头按视场大小，可分为标准镜头、广角镜头、远摄镜头、变焦镜头和针孔镜头五种。 （5）云台用于摄像机和支撑物之间的连接，安装在摄像机支撑物上，它能够上下左右自由旋转，从而实现摄像机的定点监视和扫描式全景观察，同时设有预置位以限制扫描范围。云台的种类有很多，闭路电视监视系统中常用的是室内和室外全方位普通云台。 （6）防护罩是给摄像机装配的具有多种保护措施的外罩，有室内型和室外型两种。 （7）图6-17所示为带电动云台的摄像机组成

续表

类别	内　容
监视器	（1）监视器是闭路电视系统的终端显示设备，其性能优劣将对整个系统产生直接影响。按使用范围可将监视器分为应用级和广播级。 （2）按显示画面色彩，可将监视器分为单色和彩色监视器，在需要分辨被摄物细节的场合，宜采用彩色监视器。闭路电视系统中的监视器大多为收、监两用机，并带有金属外壳，以防设置在同一监视室内的多台监视器之间的相互电磁干扰。 （3）监视器应能尽量真实地反映出输入图像信号中的各个细节和不足之处，其技术指标都要求很高，且稳定可靠性要好。 （4）闭路电视监视系统应至少有两台监视器，一台做切换固定监视用，另一台做时序监视用。表6-9所列为监视器的类型、性能指标和用途
视频信号分配与切换装置	闭路电视系统中一般采用视频信号直接传输。当来自发送端的一路视频信号需送到多个监视器时，应采用视频信号分配器，分配出多路视频信号，以满足多点监视的要求。在控制室内，当要求对来自多台摄像机的视频信号进行切换时，可采用视频信号切换装置，在任一台监视器上观看多路摄像机的信号，必要时还可采用多画面分割器，将多路视频信号合成一幅图像，在任一台监视器上同时观看来自摄像机的图像
控制器	（1）控制装置可以进行视频切换；还可通过遥控云台，带动摄像机作垂直旋转。对切换的控制一般要求和云台、镜头的控制同步，即切换到哪一路图像，就控制哪一路设备。 （2）目前，在控制器中也广泛采用微机技术，在远距离控制的场合，采用微机进行控制命令的串行输出，具有价格低廉、编程容易、控制灵活等优点。 （3）在有线电视系统的前端增加某些设备，即可让闭路电视系统作为有线电视系统中的一部分进入系统。此时，除了收看电视台的节目外，还可通过录像机向系统插入其他自制节目
解码器	（1）解码器的功能是：摄像机电源开关控制；云台和变焦镜头控制；对旋转355°或360°的云台，预置摄像控制。 （2）在摄像机数量很多的较大系统中，宜在每台摄像机安装处安装解码器，每台解码器有自己的数字编码，可以识别属于本摄像机的控制信号代码，并将其变换成控制信号，控制每台摄像机的动作
球（半球）形摄像机	（1）球形摄像机是将摄像机机体、镜头、云台等组合在一起，放置于一个球形或半球形的透光外罩内，其下半罩遮盖住摄像机的监视镜头，使摄像机的功能不会轻易暴露出来。 （2）球形摄像机根据调速的快慢分为普通型和高速型两种。 （3）图6-18所示为球形摄像机结构，图6-19所示为半球形摄像机结构

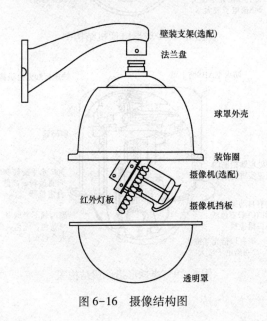

图 6-16　摄像结构图

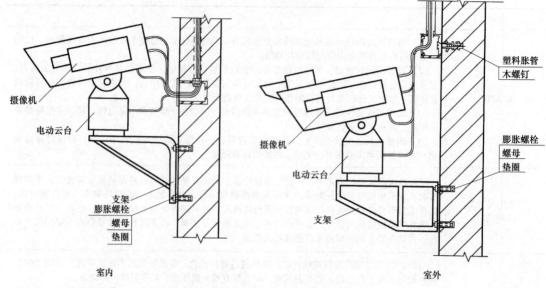

图 6-17　带电动云台的摄像机组成

注：摄像机室外安装高度 3.5~10m，不得低于 3.5m。

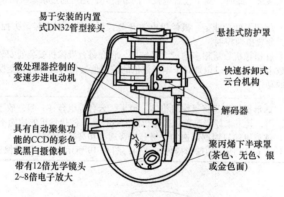

图 6-18　球形摄像机结构图

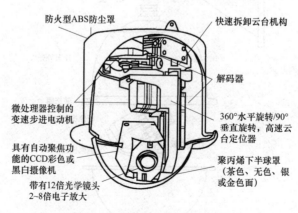

图 6-19　半球形摄像机结构图

表 6-9 监视器的类型、性能指标和用途

类　　型	主要性能指标	用　　途
精密型监视器	(1) 中心分辨率 600 线以上 (2) 色还原性能高 (3) 各类技术指标的稳定性和精度很高，基本功能齐全 (4) 线路复杂，价格昂贵	(1) 适用于传输文字、图纸等系统的监视 (2) 广播电视中心使用 (3) 图像显示精度要求很高的应用电视系统
高质量监视器	(1) 中心分辨率一般为 370～500 线 (2) 具备一定的使用功能，但功能指标、技术指标均低于精密型监视器 (3) 稳定性和精度较高	(1) 适用于技术图像的监视 (2) 广播电视中心的预监 (3) 要求清晰度较高的应用电视系统 (4) 系统的线路监视、预调和显示
图像监视器	(1) 具备视频和音频输入功能 (2) 信号的输入、输出转接功能比较齐全 (3) 清晰度稍高于电视机，中心分辨率为 300～700 线	(1) 适用于非技术图像监视，被广泛用于应用电视系统 (2) 适用于声像同时监视监听的系统 (3) 教育电视系统的视听教学
接收、监视两用机	(1) 具有高放、变频、中放通道 (2) 具有视频和音频输入插口 (3) 分辨率低于 300 线（中心） (4) 性能和电视接收机相同	(1) 适用于录像显示和有线电视系统的显示 (2) 同时可作电视接收机使用

图 6-20 为闭路电视监视系统控制方式。

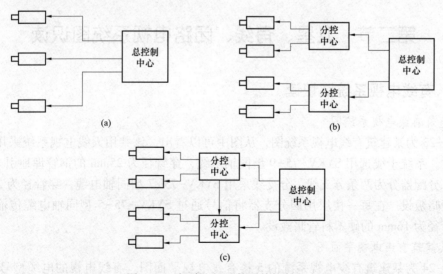

图 6-20　闭路电视监控系统控制方式

（a）单级控制方式；（b）不交叉多级串并控制方式；（c）交叉多级串并控制方式

2. 闭路电视系统的组成方式（图6-21）

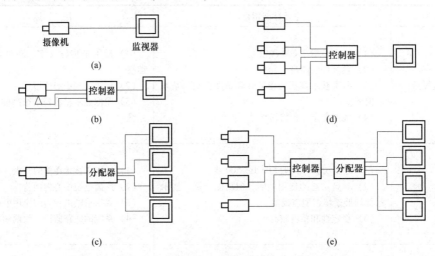

图6-21 闭路电视监控系统的组成形式
(a) 单头单尾方式（一）；(b) 单头单尾方式（二）；
(c) 单头多尾方式；(d) 多头单尾方式；(e) 多头多尾方式

3. 闭路电视系统的组成结构（图6-22）

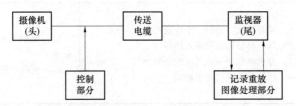

图6-22 闭路电视监控系统的组成结构

第二节 卫星、有线、闭路电视系统图识读

一、有线电视系统图识读

1. 建筑有线电视系统图

图6-23为某建筑有线电视系统图，从图中可以看出，该共用天线电视系统采用分配—分支方式。系统干线选用SYKV-75-9型同轴电缆，穿管径为25mm的钢管埋地引入，在3层处由二分配器分为两条分支线，分支线采用SYKV-75-7型同轴电缆，穿管径为20mm的硬塑料管暗敷设。在每一楼层用四分支器将信号通过SYKV-75-5型同轴电缆传输至用户端，穿管径为16mm的硬塑料管暗敷设。

2. 某建筑有线电视平面图

图6-24为某建筑有线电视系统的5楼有线电视平面图。有线电视的电缆型号SYKV-75-7，配管PC从底楼引入，敷设到弱电信息箱内，信息箱距地0.4m明敷。每个办公室安装一只电视终端出线盒，共有电视终端出线盒6只，电视电缆型号SYKV-75-5，均引至楼

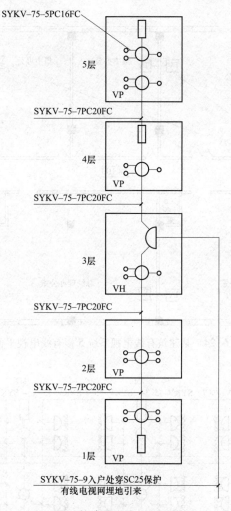

图 6-23 某建筑有线电视系统图

层弱电信息箱的分支器。电缆配管 PC16，暗敷在墙内。出线盒暗敷在墙内，离地 0.3m。

3. 某酒店有线电视系统图

某酒店有线电视系统图如图 6-25 所示。有线电视信号引自市内有线电视网，系统噪声指数不大于 45dB，电视系统传输干线选用 SYKV-75-9 型同轴电缆穿 SC25 保护，用户线选用 SYKV-75-5-1 型同轴电缆，水平方向穿钢管顶板内敷设，电视插座、前端箱下沿距地 0.5m，前端箱内放大器电源引自就近照明电源。放大器箱分支分配箱均在竖井内。用户插座暗装以达到美观要求，底边距地 0.35m。为保证用户信号质量，终端电平保证（75±5）dB。

系统采用分配—分支—分配方式。两套系统共同传输，即市网一路，开路信号一路。具体分配方式为：市有线电视信号通过电缆引至地下一层弱电间的前端箱，再通过死分配器引出四路电缆，在每一路上串联四个四分支器给各层，再连接到设于走廊中分支分配箱中的四分配器，以满足各终端的需求。

131

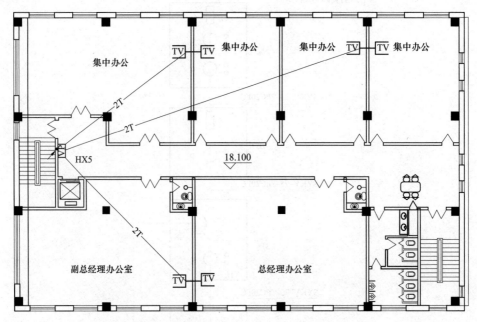

图 6-24　某建筑有线电视系统 5 楼有线电视平面图

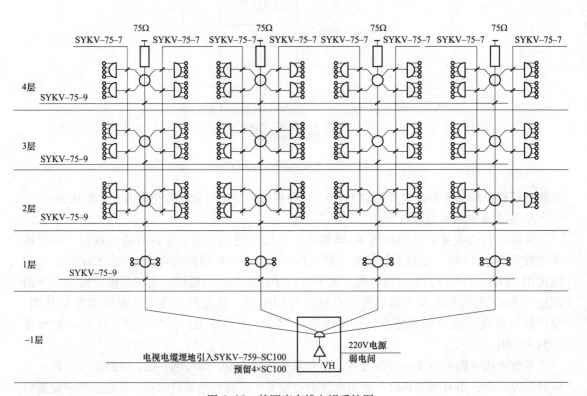

图 6-25　某酒店有线电视系统图

4. 某综合教学楼有线电视系统图

有线电视系统工程，是以传递电视信号为主，以有线方式进行图像及其伴音信息的收发、传送、处理、分配和应用的信息工程系统。有线电视系统一般由信号源、前端设备、传输干线和用户分配网络几个部分组成。

系统首先从室外引入有线电视网络，进户端在监控室，即前端电视机房。主干线缆采用 SYWV-75-9 型，支线缆采用 SYWV-75-7、SYWV-75-5 型。

该建筑采用分配—分配—分支的形式进行信号的分配，为了满足要求的信号末端电平为（73±5）dB，在设备竖井内加设放大器，如图 6-26 所示。

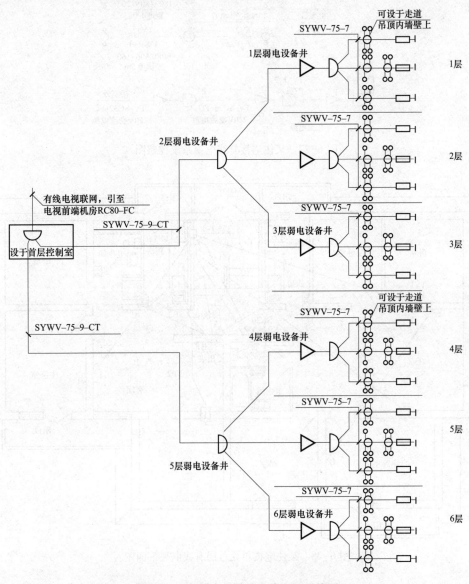

图 6-26 某综合教学楼有线电视系统图

5. 某住宅楼有线电视系统图

图 6-27、图 6-28 为某住宅楼有线电视系统控制图及平面图。

从系统图上可以看出，此住宅楼图中共用天线电视系统电缆从室外埋地引入，穿直径 32mm 的焊接钢管（TV-SC32-FC）。

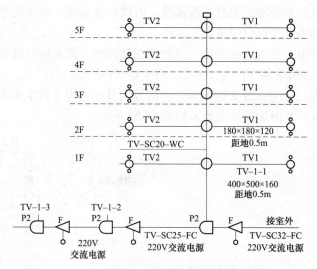

图 6-27 某住宅楼有线电视系统控制图

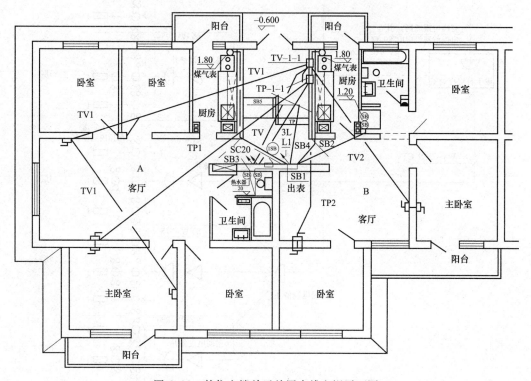

图 6-28 某住宅楼单元首层有线电视平面图

可以看出此住宅楼的 3 个单元首层各有一只电视配电箱（TV-1-1、2、3），配电箱的尺寸为 400mm×500mm×160mm，安装高度距地 0.5m。且每只配电箱内装一只主放大器及电源和一只二分配器，电视信号在每个单元放大，并向后传输，TV-1-3 箱中的信号如需要还可以继续向后面传输。

从系统图上还可以看出单元间的电缆也是穿焊接钢管埋地敷设（TV-SC25-FC）。每个单元为 5 层，每层两户，每个楼层使用一只二分支器，二分支器装在接线箱内，接线箱的尺寸为 800mm×180mm×120mm，安装高度距地 0.5m。

可以看出楼层间的电缆穿焊接钢管沿墙敷设（TC-SC20-WC）。每户内有两个房间且有用户出线口，第一个房间内使用一只串接一分支单元盒，对电视信号进行分配，另一个房间内使用一只电视终端盒。

从单元平面图上可以看出此平面图 6-28 是与图 6-27 系统图对应的整个楼一层电气平面图。

从平面图上可以看出图中一层的二分器装在 TV-1-1 箱中。从 TV-1-1 箱中分出的 B 户一路信号 TV2 向左下到起居室用户终端盒，隔墙是主卧室的用户终端盒。A 户一信号 TV1 向右下到起居室用户终端盒，再向左下到主卧室用户终端盒。

从平面图上还可以看出单元干线 TV 从 TV-1-1 箱向右下到楼梯对面墙，沿墙从一楼向上到六楼，每层都装有一只分支器箱，各层的用户电缆从分支器箱引向户内。

可以看出干线 TV 左侧有本单元配电箱，箱内 3L 线是 TV-1-1 箱电源线。

可以看出楼内使用的电缆是 SYV-75-5 同轴电缆，其中 SYV 表示同轴电缆类型，75 表示特性阻抗 75Ω，5 表示规格直径是 5mm。

二、闭路电视系统图识读

1. 某旅游宾馆闭路电视系统图

图 6-29 所示为某旅游宾馆闭路电视系统图，图中视频线采用 SYKV-75-5 同轴电缆，控制线采用 12 芯屏蔽电缆，摄像机电源线采用 BV-2×1.0 电线。表 6-10 所示为该旅游宾馆闭路电视系统设备表。

表 6-10　　　　　　　　　　　　闭路电视系统设备表

序号	名称	型号	规格	单位	数量	备注
1	半球全方位摄像机	BC350	黑白	台	4	CCTV
2	半球定焦摄像机	B1350	黑白	台	46	CCTV
3	针孔摄像机	CCD-600PH	黑白	台	12	CCTV
4	矩阵切换器	V80X81CP	80 入 8 出	台	1	CCTV
5	时滞录像机	TLRC-960	960h	台	2	CCTV
6	16 画面分割器	V816DC		台	1	CCTV
7	监视器		14″黑白	台	8	松下
8	监视器		19″黑白	台	1	松下
9	主控键盘	V1300C-RVC		台	1	CCTV
10	副控键盘	V1300C-RVC		台	1	CCTV
11	直流稳压源	4NICC78H		台	6	CCTV
12	交流稳压电源	4NIC-B5		台	2	CCTV

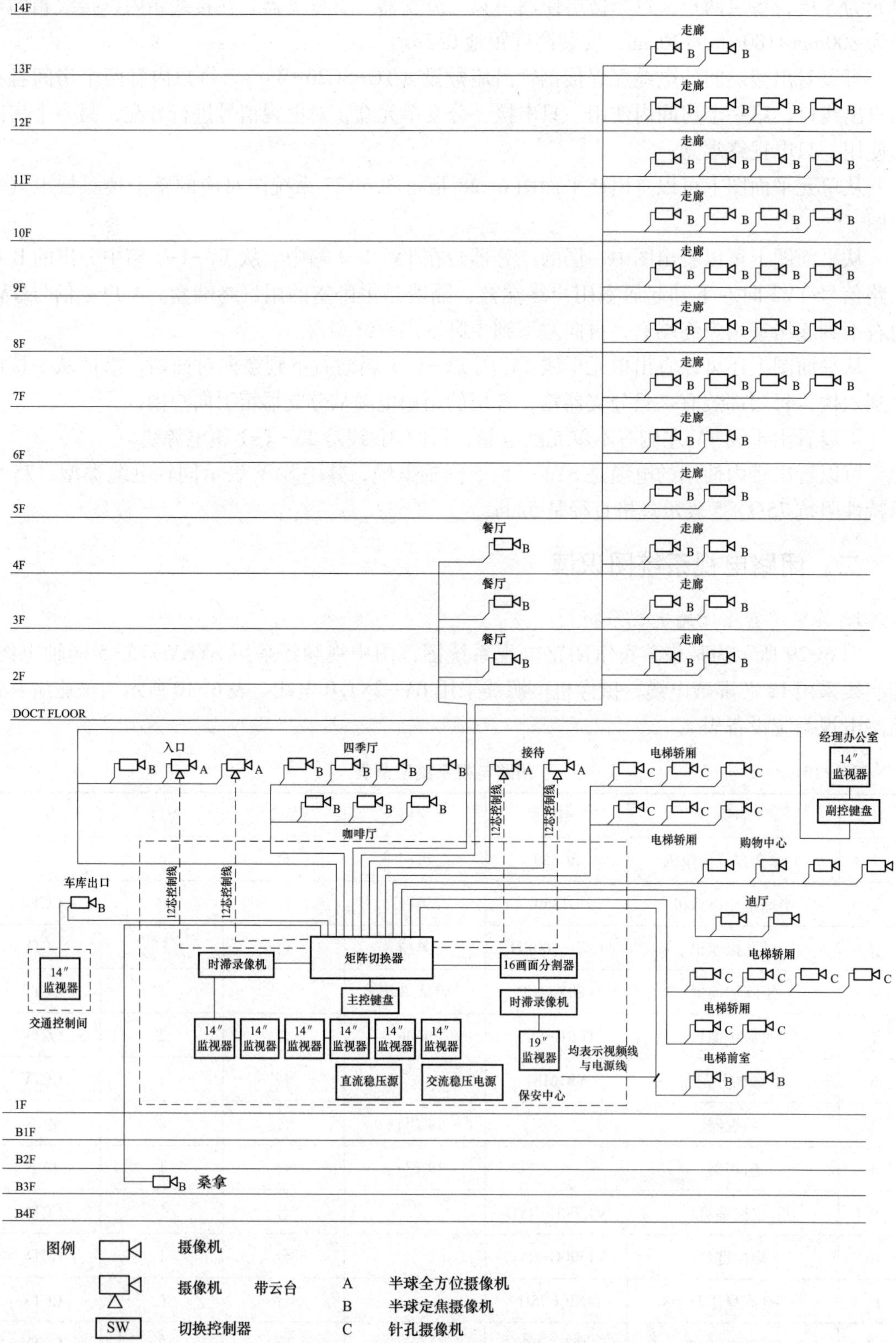

图 6-29 某旅游宾馆闭路电视系统图

图例
摄像机

摄像机 带云台

SW 切换控制器

A 半球全方位摄像机
B 半球定焦摄像机
C 针孔摄像机

保安中心设在一层，其中有矩阵切换器、时滞录像机 2 台、16 画面分割器、主控键盘、14″监视器 6 台、19″监视器 1 台、直流稳压电源、交流稳压电源等。

由矩阵切换器引出多条视频线与电源线路：① 引至地下三层桑拿室中的 1 台半球定焦摄像机；② 引至车库出口处装设的 1 台半球定焦摄像机，并引至一层交通控制间中的 14″监视器；③ 引至入口处的 1 台半球定焦摄像机及 2 台带有云台的半球全方位摄像机，从矩阵控制器又引出两条 12 芯控制线分别与入口处的 2 台带有云台的半球全方位摄像机相连，从入口处又引至经理办公室中的副控键盘和 1 台 14″监视器；④ 引至四季厅中的 7 台半球定焦摄像机；⑤ 引至 2、3、4 层餐厅中的各 1 台半球定焦摄像机；⑥ 引至 2～14 层走廊中的共 36 台半球定焦摄像机，其中 2～6 层、14 层各 2 台，7～13 层各 4 台；⑦ 引至接待室中的 1 台带有云台的半球全方位摄像机，又从矩阵控制器引出一条 12 芯控制线与该半球全方位摄像机相连；⑧同⑦；⑨ 引至各电梯轿厢，6 台针孔摄像机；⑩ 引至购物中心的 4 台摄像机；⑪ 引至迪厅中的 2 台摄像机；⑫ 引至各电梯轿厢，6 台针孔摄像机；⑬ 引至电梯前室，2 台半球定焦摄像机。

2. 某建筑电视监控系统图

图 6-30 是某建筑的电视监控及报警系统图，此建筑为地下 1 层，地上 6 层。监控中心设置在 1 层。

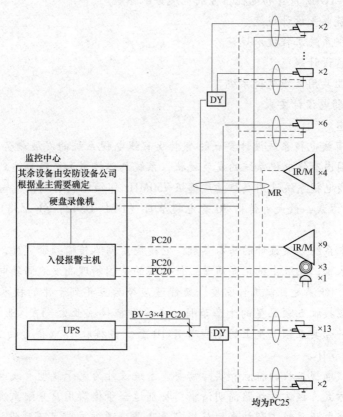

图 6-30　某建筑电视监控及报警系统图

监控室统一提供给摄像机、监视机及其他设备所需要的电源，并由监控室操作通断。1 层安装 13 台摄像机，2 楼安装 6 台摄像机，其余楼层各安装 2 台摄像机。

视频线采用SYV-75-5，电源线采用BV-2×0.5，摄像机通信线采用RVVP-2×1.0（带云台控制另配一根RVVP-2×1.0）。视频线、电源线、通信线共穿 φ25mm 的 PC 管暗敷设。系统在1层、2层设置了安防报警系统，入侵报警主机安装在监控室内。

2层安装了4只红外、微波双鉴探测器，吸顶安装。

1层安装了9只红外、微波双鉴探测器，3只紧急呼叫按钮，1只警铃。报警线采用RVV-4×1.0线穿 φ20mmPC 管暗敷设。

图6-31为1层电视监控及报警系统平面图，监控室设置在本层。1层共设置13只摄像机，9只红外、微波双鉴探测器，3只紧急呼叫按钮和1只警铃，具体分布如图6-31所示。

从每台摄像机附近吊顶排管经弱电线槽到安防报警接线箱紧急报警按钮，警铃和红外、微波双鉴探测器直接引至接线箱。

第三节 有线电视系统设计

下面给出一套有线电视系统设计的案例。

一、基本要求

（1）30MHz～1GHz 声音和电视信号的电缆分配系统。

（2）民用建筑电气设计规范。

（3）有线电视系统工程技术规范。

（4）建筑防雷设计规范。

（5）工业企业共用天线电视系统。

（6）××工程弱电设计要求。

二、系统概述

根据××工程有线电视系统设计要点的要求及有线电视系统的发展趋势，综合考虑××工程的潜在需求和国内有线电视系统的发展现状，系统总体技术和装备应达到目前已成熟技术的先进水平，有线电视系统选用高质量广播级750MHz 邻频调制前端，传输网络设计为单向750MHz 邻频传输方式，最大可传输80套电视节目（DS1-DS42，Z1-Z38），本方案实际使用 41 个频道。

节目套数是本系统方案设计的基本参数，它是决定网络传输频带宽度，选择干线传输方式等技术问题的依据。系统中选用高质量、低衰减的美国物理高发泡同轴电缆，以后可扩展到1000MHz 带宽，能满足目前工作需要，又能适应今后五年到十年的技术发展变化。根据设计要求，系统应接收五颗卫星的十套节目，本方案拟接收亚太-1A、亚洲-3S、亚卫-2、鑫诺一号、亚太一号共五颗卫星上的电视节目10套。另接收××电视台的30个频道的有线节目，共计40套节目。

根据酒店有线电视工程的特点和实际需要，系统设计为无干线型有线电视系统，分配系统采用分配分支方式，该方式线路简明清晰，特别适合于楼群用户分配系统。

本工程按有线电视系统工程技术规范规定属 A 类，系统应满足下列设计性能指标：

载　噪　比　　　≥44dB

交扰调制比　　　≥47dB

载波互调比　　　≥58dB

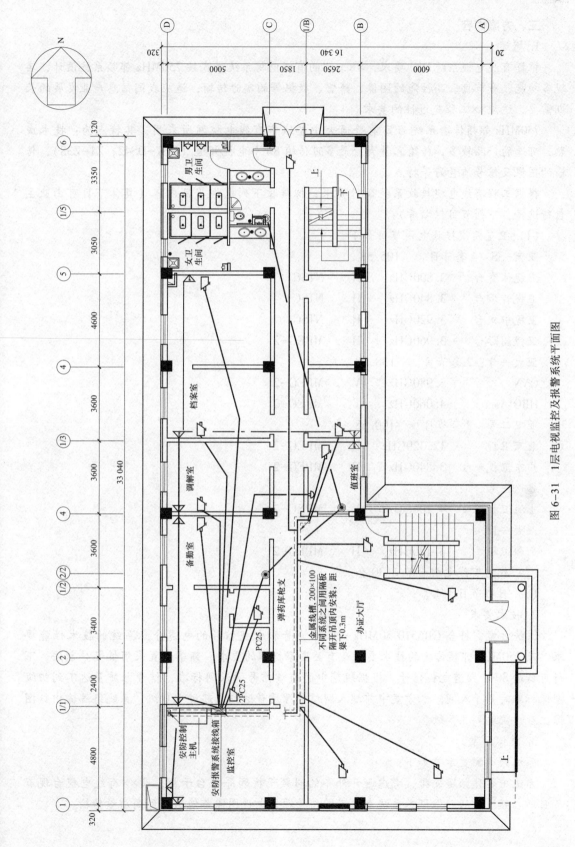

图6-31 1层电视监控及报警系统平面图

139

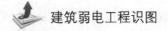
三、方案内容

1. 概述

根据有线电视系统设计要求，××工程的有线电视系统带宽按750MHz邻频系统设计，实现多功能、多节目、高性能的图像、语言、数据等的实时传输，适应我国信息产业发展的长期需要，适应××工程先进性的要求。

750MHz邻频传输系统为目前普通大中型城市有线电视网所采用，其特点为：技术成熟，可选的产品较多，传输容量大，最多可传输80个电视频道（DS1-DS42，Z1-Z38），传输的图像及信号质量好等特点。

根据工程有线电视接收系统设计要求，拟接收下列电视节目内容（具体节目可由业主自行选择，下列节目供参考）：

（1）卫星天线接收电视节目如下。

亚洲-3S：4套节目　　　105.58

卫视体育台	3.800GHz	H	NTSC
卫视音乐台	3.840GHz	H	NTSC
卫视中文台	3.920GHz	H	NTSC
卫视国际台	3.960GHz	H	MPEG-2

亚太一号：2套节目　　　138.08

CNN	3.980GHz	V	MPEG-2
HBO Asia	4.060GHz	V	MPEG-2

亚卫二号：2套节目　　　100.58

北京卫视	12.329GHz	H	MPEG-2
广东卫视	3.840GHz	H	MPEG-2

鑫诺一号

上海卫视	4.106GHz	V	MPEG-2

亚太—1A

新疆卫视	4.120GHz	H	MPEG-2

（2）接自有线电视台节目30套。

（3）自办节目1套。

2. 技术要求

系统方案需符合GB6510 30MHz-1GHz声音和电视信号的电缆分配系统的技术性能要求，及750MHz邻频传输的技术要求及有关国家标准的要求。频率配置采用低频分割法，下行可传输80个频道电视信号。根据规范中的前端信号源入网标准，信号源质量达不到四级图像标准时不予入网。本方案中前端入网信号源质量达到或超过4.0级，系统终端输出口图像主观评价达到3.5级。

3. 总体方案

系统频率配置示意如下：

系统中具体频道安排，考虑避开外界的同频干扰和寻呼台干扰，及××有线电视台现有节目所占频道，从而保证本系统来自不同信号源的电视图像都能够得到高质量传输。

| DATA | 其他 | | TV | F DATA | TV | | TV | | TV | | TV | |
| | | | | M TV | | | | | | | | |

上行（反向）　　　　　　　　　　　　　下行（反向）

| SUB | | | I | A | Ⅱ | B1 | B2 | | Ⅲ | IV |
| | | | 1-5 | Z1-Z7 | 6-12 | Z8-Z16 | Z17-Z38 | | 13-42 | 22-37 |

5　10　14　30　50　92　111　　167　　223　　　295　　446　470　　750MHz　1000MHz

4. 系统指标的分配与计算

一个优质的有线电视系统与合理的分布是分不开的，由于大楼仅仅存在前端设备与分配网络，是一个无干线的传输系统，根据电缆电视系统工程技术规范，系统分配指标：信噪比 C/N，互调比 IM，交扰调制比 CM，复合二次差拍失真 CSO，复合三次差拍失真 CTB，五项指标的国家标准和本方案确定的标准作为方案设计的依据，见表 6-11。

表 6-11　　　　　　　　五项指标的国家标准和本方案确定的标准

项目	C/N	IM	CM	CSO	CIB
国标/dB	43	57	46	57	57
设计/dB	44	58	47	58	58

本大楼为独立前端无干线系统，根据规范系统中的分配系数见表 6-12。

表 6-12　　　　　　　　　五项指标的分配系数

项目	C/N	IM	CM	CSO	CIB
前端	0.8	0.2	0.2	0.2	0.2
分配网络	0.2	0.8	0.8	0.8	0.8

有关计算公式如下：

$$C/N = (C/N)_S - 10\lg a$$
$$CM = (CM)_S - 20\lg b$$
$$IM = (IM)_S - 15\lg c$$
$$CSO = (CSO)_S - 20\lg d$$
$$CIB = (CIB)_S - 20\lg e$$

系统各部分指标的实际计算结果见表 6-13，其值均优于标准规定值。

表 6-13　　　　　　　　　　指标的实际计算结果

项目	C/N	IM	CM	CSO	CIB
前端	45	68.5	61	64.9	72
分配网络	51	59.5	49	59	60

中心前端设备是有线系统工程的心脏，是保证系统信号质量的关键，作为邻频传输前端设备和上述分配计算结果，在选择前端设备时必须满足如下条件。

C/N≥45dB   CSO≥64.9dB

IM≥68.5dB   CIB≥72dB   CM≥61dB

大楼的分配网络的技术指标从计算中可以看到必须满足如下条件。

C/N≥51dB   CSO≥59dB

IM≥59.5dB   CIB≥60dB

CM≥49dB

由于分支分配器不占用系统指标，故大楼分配网络的技术指标主要是由楼层放大器决定的，从用户分配网看仅有1级放大器，用户分配网络的指标即为大楼分配网络的技术指标。

四、设备选型

1. 卫星地面站址选择、卫星天线直径与高频头的选型

本方案拟接收亚洲3S、亚卫二号、亚太一号、亚太—A、鑫诺一号五颗卫星的电视节目，本地区的等效全向辐射功率EIRP见表6-14。

表6-14   本地区的等效全向辐射功率

项目	亚洲3S	亚太一号	亚太—1A	亚卫二号	鑫诺一号
EIRP/dBW	>36	>36	>36	>36	>36

在站址选择上应减少和避免干扰、噪声的影响，特别要注意地面微波的微波通道对卫星接收信号的干扰，必须在建站前了解当地和附近是否有4GHz频段的中继站，并在现场测干扰信号场强，信号和干扰信号场强之差大于或等于要求的保护率，则表示不会受到微波信号的影响，信号与干扰信号的频偏越大，保护率越小；频偏越小，保护率越大。频偏与保护率关系见表6-15。

表6-15   频偏与保护率关系

频偏/MHz	0	-8	-15	-30	+10	+25	+28
保护率/dB	30	30	20	0	30	50	0

表6-15为英、法、德等国家通过实验得出的典型场合下的保护率，这个保护率是高标准的，在站址选择上由于微波干扰发生困难时，可适当降低保护率要求。站址选择应不影响天线主波率方向和视界，并有足够仰角差（不应小于5°），尽量将站址选择在群楼和地面，站址的选择还要考虑气象与地质条件，如将站址选在屋顶，必须进行微波干扰的测试。

接收天线反射体几何尺寸的大小，是根据等效全向辐射功率与图像品质来确定。根据多年的实际经验，在恶劣的气象条件下，卫星图像质量和卫星天线尺寸的计算，得出卫星接收天线口径与卫星接收图像质量的关系（当高频头噪声温度为25℃时）见表6-16。

表6-16   卫星接收天线口径与卫星接收图像质量的关系

图像品质	EIRP/dB			
	30	33	36	38
3.5级	5M	4M	2.4M	2M
4级	6.5M	5.2M	3.2M	2.6M
4.5级	8M	6.3M	4.1M	3.3M

根据本地区波束覆盖的 EIRP 值，选用 φ3.2M 卫星天线，高频头选用嘉顿 K、C 波段高频头；即使在恶劣的气象条件下也能保证良好的收视效果，均能保证前端的图像质量在 4 级以上。根据我公司历来的工程实施经验均表明上述配置天线接收图像质量达到或超过 4 级。卫星接收天线采用国企 4191 厂生产的 φ3.2M 的加强型工程卫星接收天线，其最大特点是强度大、抗风性能好、寿命长、增益高、性能稳定。其技术参数见表 6-17。

表 6-17　　　　　　　　　　　　　　　　技　术　参　数

接收频率	增益	抗风能力	极化方式	驻消系数	第一旁瓣
3.7~4.2GHz	43.8dB	12 级不被破坏	线极化、圆极化	小于 1.2	-12dB

2. 前端设备选型

根据邻频传输系统的特点，邻频前端频道处理设备无论是卫星收转还是开路电视节目，必须经二次转换中频处理（即采用 PLL 频率合成和声表面滤波技术）即信号源先解调为视频及伴音，然后再进行调制，使视频载波和伴音漂移降到最小，保证了载波频率的准确和稳定性以及严格的残留边带特性，使寄生输出抑制大于 60dB，邻频抑制大于 60dB，并保证自动增益控制 AGC 范围，图像载波与伴音载波功率之比即 V/A 比等指标达到规定要求。

前端设备的技术要求如下：

信噪比　　　　　　C/N≥45

带外衰减　　　　　≥60dB

A/V = -15~17dB

射频稳定度±20kHz

良好的 AGC 调整，电平变化±10dB 内

根据××工程有线电视系统的设计要求，本方案提供前端设备为美国 PBI-4000M 系列高质量、高性能邻频前端设备，数字卫星接收机选用美国 PBI-D1000。

美国 PBI-4000M 为 870MHz 专业级捷变式邻频调制器，是可编程高性能电视调制器，适用于 870MHz 以内邻频有线电视系统。在视频信号输入电平有较大变化时，能确保 87.5% 的调制度，并有视频信号预处理电路，使输出信号更加完美。它采用频道锁码专用电路，由两位数码管直接显示设置频道值，既方便又直观。后面板有中频输出、输入口，可供加密及其他设备使用。其特点如下：

中频调制，550/870MHz 内邻频传输

采用高可靠中频残留边带声表面滤波器

带外寄生输出抑制度大于 60dB

双重 PLL 频率锁定，性能稳定可靠

有中频输出输入接口，可接加密设备

微电脑 CPU 控制，两位数 LED 频道显示，有断电记忆功能

具有频率微调功能，最大可调范围达±4MHz

射频输出电平高达 120dBμV

极好的音频及视频线性度

其主要技术参数如下：

视频特性：输入电平 0.5-1.5V_{P-P}（AGC 电路控制在 87.5% 调制度）

$$0.5\sim3.0V_{P-P}（手动调整）$$

音频特性：输入信号电平 250mV～2.5V 输入阻抗>10kΩ

射频特性：输出频率 48～870MHz（对应频道 CH01～CH57 Z1～Z38）

输入阻抗：75Ω　　　　　　　　频率响应：±0.75dB（50Hz～5MHz）

微分增益：<3%（87.5%调制度）　　微分相位：<3°（87.5%调制度）

色度/亮度时延差<60μs　　　　　视频信噪比：≥50dB

频率响应：±1dB（50Hz～15kHz）　伴音副载波频率：6.5MHz ±1kHz

最大频偏：±50kHz　　　　　　　失真：2%

预加重：75μs　　　　　　　　　信噪比：≥60dB

输出电平：100～120dBμV　　　　图像/伴音功率比：10～20dB

输出阻抗：75Ω　　　　　　　　带外寄生输出：-60dB

频率精度：<±5kHz

PBI-3000S 广播级工程专用卫星模拟接收机是美国 PBI 国际企业集团最近开发成功的最新机型。它根据国际流行电路技术进行设计，具有独立电路分别处理 PAL 和 NTSC 两种制式信号的带宽和去加重模式，对 PAL-D 及 NTSC 制式电视信号均有良好的接收效果。在音质方面，它具有 PANDA-1 立体声解调功能，从而使音色更加洪亮优美。其主要特点如下：

PLL 频率合成调谐方式，频率准确、稳定；

低门限一体化调谐器，性能好、可靠性高；

兼备 PAL-D 及 NTSC 制式信号的良好接收效果；

具有 PANDA-1 立体声解调功能；

具有 150 个频道编程、断电记忆功能；

带宽可选择（27/18MHz）。

PBI-D1000 是美国 PBI 公司总结了其他所有进口的和中国国产的数字卫星接收机在中国市场的经验后，生产的中文数字卫星接收机。用于接收数字卫星广播节目，MPEG-2 视频解码，中文数字卫星广播接收，支持 C 波段、KU 波段上的 SCPC 和 MCPC 的接收，多个输出端子，背面装有 S-视频、视频和声频各两对输出端子，前面装有监视器用的视频和声频输出端子，备有显示声音状态及 RF 调制输入/输出端子。操作简单：中英文荧幕显示，预置频道数据；备有多功能的遥控器，便利的面板锁定功能，频道一览表显示，接收机状态的监测功能。

3. 分配网络与设备选型

一个系统的好坏，由输出口电平直接体现出来，分配网络用户终端的主要技术参数（按国家标准电视信号的电缆分配系统技术指标）见表 6-18。

表 6-18　　　　　　　　　　分配网络用户终端的主要技术参数

项目	输出电平/dBmV	输出口频道载波电平差/dB		
		任意	相邻	伴音对图像
数值	6～80	10	3	-14～23

本方案在系统分配网络设计计算中，由于是邻频传输系统，必须满足以下条件：

相邻频道图像载波电平差控制在±2dB。

用户输出电平设计控制在 65±5dB。

任意频道载波电平差控制在 8dB。

用户电平实际计算值为 62～69dB，任意频道载波电平差计算值小于 5dB，由此可见计算值满足分配系统技术指标的要求。用户电平尚有 1dB 裕度，任意频道载波电平差尚有 3dB 的裕度。系统器材的选择如下：

（1）主干线电缆要求电缆损耗低，高频屏蔽性能好，阻抗特性好，密封性能好，有较好的机械强度。大楼内垂直干线、水平干线采用美国产物理高发泡射频电缆 9C-FB 和 7C-FB，引至输出口的支线采用低损耗物理高发泡射频电缆 5C-FB，该产品损耗低，机械性能好，防潮性好，使用寿命长，衰减周期长，不易老化。其物理性能见表 6-19。

表 6-19 物 理 性 能 指 标

型号	5C-FB	7C-FB	9C-FB
特性阻抗/Ω	75	75	75
回波损耗/dB	VHF 20	VHF 20	VHF 20
	UHF 18	UHF 18	UHF 18
衰减常数/（dB/100m）	50MHz 4.8	50MHz 3.2	50MHz 2.4
	200MHz 9.7	200MHz 6.4	200MHz 5
	800MHz 20.3	800MHz 13.3	800MHz 10.2
电容/（PF/m）	56	54	53
绝缘电阻/（MΩ·km）	20 000	20 000	20 000

（2）楼内放大器。放大器选用美国杰士美楼栋传输放大器 2653M-30-PPE-220，其技术参数见表 6-20。

表 6-20 放 大 器 技 术 参 数

工作增益	30dB	工作频带	45-750MHz
不平度	±0.75dB	工作输出电平	104dB（典型）
工作输入电平	72dB	CM	66dB
CTB	73dB	CSO	73.5dB
最大输出电平	110dB	噪声系数	8dB
增益调整	0～20dB	反射损耗	14dB
工作频道	60	信号交流声比	>66dB
斜率调节	0～20dB		

从放大器指标看，性能是比较好的，裕量较大。

（3）分支分配和用户终端。分支分配器选用合资杰士美公司双向传输 5～1000MHz 的高隔离度邻频传输用分支分配器，其反向隔离度大于 25dB，相互隔离度 20dB，反射损耗入口/出口大于 20dB，支路大于 20dB。

五、系统的避雷及防护措施

根据规范要求，架设在建筑物顶部的卫星天线，采用立杆安装接闪器保护。接闪器、天线的零电位点与天线杆塔在电气上应可靠地连成一体，并与大楼的防雷接地系统相连。本工程接地线采用热镀锌 25×4 的扁钢直接与屋顶防雷网相连，共用接地系统。

六、验收标准，测试内容和指标

GB 9379—1988	电视广播接收机主观试验评价方法
GB/T 15864—1995	电缆电视接收机基本参数要求和测量方法
GY/T 106—1999	有线电视广播系统技术规范
GB 6510—1986	30MHz～1GHz 声音和电缆信号的电缆分配系统
GB 11318.2—1989	30MHz～1GHz 声音和电视信号的电缆分配系统设备与部件性能

参数要求

1. 前端测试内容

前端输出电平	95dB±1dB
D22 与 D2 输出电平差	<3dB
A/V	17dB±1dB
C/N	>45dB
IM	>60dB
CM	>49dB
CSO	>59.5dB
CTB	>60dB
调制度	85%

前端设备图像质量主观评价应达到 4.2 级

2. 终端测试内容

用户电平	(65±5)dB
相邻频道电平差	<2dB
任意频道电平差	<8dB

用户图像质量主观评价不低于 3.5 级

C/N	35dB
CSO	58dB
IM	57dB
CTB	58dB
CM	46dB

七、人员培训

培训分如下三阶段进行。

第一阶段：系统介绍，产品介绍。

第二阶段：系统调试、讲述系统调试方法与手段。

第三阶段：操作和维护培训。

时间安排：每一阶段基本安排为 6h，共计授课 18h。

培训免收培训费用，做到包教包会，提供操作和维护手册。

第七章 建筑电话通信系统图

第一节 电话通信系统的组成

一、用户终端设备

用户线路中包括了用户终端设备、各种电缆和软线以及实现各式电缆和软线接口的各种电缆接续设备，如交换机、分线箱和分线盒等。用户线路的通信线路主要由主干电缆和配线电缆两部分组成，主干电缆又称为馈线电缆，是由电信局总配线架（MDF）上引出的电缆，下行方向只是连接到交接箱。从交接箱引出的配线电缆要根据用户的分布情况，按照有关的技术规范，把电缆中的线对分配到每个分线设备内，再由分线设备通过用户引入线接到用户终端设备上。用户终端因用途的不同而不同，如电话机、传真机等。

用户终端设备组成见表 7-1。

表 7-1 用户终端设备组成

类　别	内　容
电话组线箱	（1）电话组线箱连接主干电缆与户内配线电缆，又称为电话交接箱。交接箱内有每列装 2～4 个 100 对的接线排，每箱有 2～5 列，构成 400、600、900、1200、1600、2000 对容量序列的交接箱。 （2）建筑物内的电话组线箱暗装在楼道墙上，高层建筑的电话组线箱安装在电缆竖井中。电话组线箱的型号为 STO，有 10 对、20 对、30 对等规格。箱内有一定数量的接线端子，用来连接导线
分线箱或分线盒	（1）分线箱或分线盒是电话分线设备，作用是将从交接箱出来的配线电缆中的线对根据用户的分布情况在分线节点向下分组，一般有多级分组，直到将单个的线对分配给某处电话出线盒。 （2）分线箱与分线盒的区别是分线箱有保安装置而分线盒没有，所以，分线箱主要用在用户引入线为明线的情况下，保安装置可以防止雷电及其他高压电从明线进入电缆。 （3）分线盒用在用户引入线为皮线或小对数电缆等不大可能有强电流进入电缆的情况下，在用户线中分线盒比分线箱更靠近用户终端设备
电话出线盒	（1）电话出线盒暗装在用户室内，是用户线管到室内电话机的出口装置。电话出线盒面板规格与室内开关插座面板规格相同，分为有插座型和无插座型两种。 （2）无插座型电话出线口是一个塑料面板，中间留有直径 10mm 的圆孔，管路内电话线与用户电话机在盒内直接连接，适用于电话机位置距电话出线口较远的用户，可用 RVB 型导线做室内线，连接电话机出线盒。 （3）有插座电话出线口面板又分为单插座型和双插座型两种。若电话出线口面板上使用通信设备专用 RJ-11 插座，则要使用带 RJ-11 插头的专用导线与之连接。使用插座型面板时，管路内导线直接接在面板背面的接线螺钉上，插座上有四个接点，接电话线使用中间两个

类　别	内　容
电话机	（1）电话机的分类 1）电话机的种类有很多，按制式分有磁石式、共电式、自动式和电子式。 2）磁石式电话机的通话电源和信号电源都是电话机自备，且备有手摇磁发电机装置与磁石式交换机配套，通话电源一般为3V，采用两级干电池供电。信号电源由手摇发电机提供。 3）共电式电话机所有的电源都由交换机供给，供电电源为24V。 4）自动式电话机电源由交换机供给，一般为48V，设有拨号盘或按键盘来发送控制信号。 5）电子式电话机与自动式电话机的功能完全相同，只是在话机电路中采用电子元器件或集成电路。 6）电话机按应用的场合分有台式、挂墙式、台挂两用式、便携式和特种话机等。 7）按控制信号分，电话机可分为脉冲式、双音多频式等。 （2）电话机的组成与功能 1）电话机一般由通话部分和控制系统两大部分组成。控制系统由叉簧、拨号盘和极化铃等组成，实现话音通信建立所需要的控制功能；通话部分由送话器、受话器、消侧音电路等组成，是话音通信的物理线路的连接，实现双方的话音通信。 2）电话机的功能有发话功能，受话功能，消侧音功能，发送呼叫信号、应答信号和挂机信号功能，发送选拨信号供交换机作为选择和接线的依据，接收振铃信号及各种信号音功能

（1）电话线路的配线方式。

1）电话线路的配线方式有直接配线、交接箱配线和混合配线等。

2）直接配线是从配线架直接引出主干电缆，再从主干电缆上分支到用户，这种配线方式投资少，施工维护简单，但灵活性差，通信可靠性差，如图7-1所示。

交接箱配线是将电话划分为多个区域，每个区域设一个交换箱，各配线区之间用电缆连接，用户配线从交接箱引出，如图7-2所示。

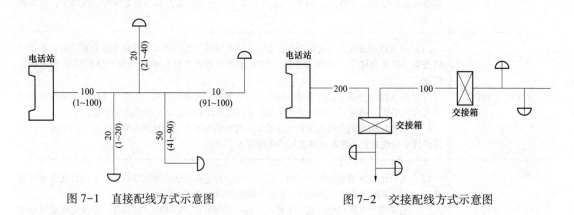

图7-1　直接配线方式示意图　　　　　图7-2　交接配线方式示意图

电话电缆与电话配线之间的交接点是电话组线箱（见图7-3）。交接箱配线方式通信可靠、调整灵活、发展余地较大，但施工维护复杂、投资高。

（2）建筑物内的电话线路配线方式。建筑物内电话线路配线方式见表7-2。

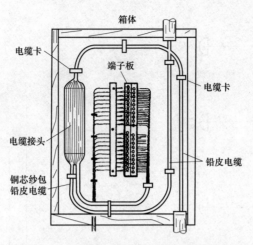

图 7-3　室内电话组线箱箱内结构示意图

表 7-2　　　　　　　　　　　　　　建筑物内电话线路配线方式

类　别	内　容
单独式	单独式配线如图 7-4 所示。从配线架或交接箱用独立的电缆直接引至各楼层，各楼层之间的配线相互独立，互不影响，各楼层所需电缆线的对数根据需要确定。单独式配线适用于各楼所需线对数较多且基本固定不变的建筑物
复接式	复接式配线如图 7-5 所示。各楼层之间的电缆线对数全部或部分复接，复接线对根据各楼层需要确定，每对线的复接次数一般不超过两次。这种配线方式的配线电缆不是单独的，而是同一条垂直电缆，各楼层线对有复接关系，工程造价较低，但楼层间相有影响，维护检修麻烦。复接式配线适用于各楼层需要的线对不同且经常变化的建筑物
递减式	递减式配线如图 7-6 所示。这种配线方式只用一条垂直电缆，电缆的线对数逐渐递减，不复接，检修方便，但不够灵活，适用于规模较小的建筑物
交接式	交接式配线如图 7-7 所示。这种配线方式是将整栋建筑物分成几个交接配线区域，从总交接箱或配线架用干线电缆引至各区域交接箱，再从区域交接箱接出若干条配线电缆，分别引至各层。交接式配线各楼层配线电缆互不影响，适用于大型建筑物

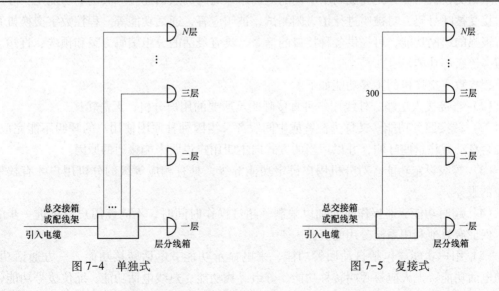

图 7-4　单独式　　　　　　　　　　　图 7-5　复接式

149

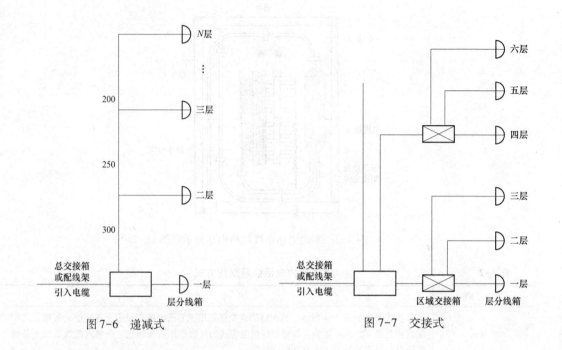

图 7-6　递减式　　　　　　　　　　　　　图 7-7　交接式

二、电话交换设备（以程控交换机为例）

1. 电话交换机的发展

电话交换机经历了四个发展阶段，即人工制式电话交换机、步进制式电话交换机、纵横制式电话交换机和程序控制电话交换机。电话交换机根据使用的场合和交换机的门数分为两类：应用于公用电话网的大型电话交换机和应用于用户的小型电话交换机、专用程控用户交换机。

2. 电话交换机的功能

电话交换机的任务是完成两个不同的电话用户之间的通话连接。其基本功能是：呼出检出，接受被呼号码，对被叫进行忙、闲测试，被叫应答，通话功能等。程控数字交换机系统具有极强的组网功能，可提供各种接口的信令，具有灵活的分组编码方案和预选、直达、优选服务等级等功能。

程控数字交换机的主要功能如下。

（1）直接拨入功能。外线用户可直接呼叫至所要的用户分机，无需转接。

（2）截接服务功能。又称为截答或中间服务，当因种种原因使用户的呼叫不能完成时，系统会自动截住这些呼叫，并以适当的方式向主叫用户说明未能接通的原因。

（3）等级设定功能。对分机用户设定功能等级，具有相应等级的分机用户才有权使用相应的服务。

（4）超时功能。对操作时间加以限制，超过操作时间时，不向该用户提供进一步的服务，保证有效地利用系统公用的资源。

（5）用户功能。包括自动回铃功能、来电显示功能、电话转接功能、三方通话功能、跟随电话功能、无人应答呼叫转移功能、分组寻找功能、热线电话功能、缩位拨号功能、呼叫代应功能、插入功能、电话会议功能、定时呼叫功能、恶意电话追踪功能、寻呼电话功能、免打扰功能等。

（6）编号功能。可以根据用户单位的具体情况来确定编号方案。话务等级功能。可以为每一个分机用户规定一个话务等级，确定其通话范围。

（7）迂回路由选择功能。若交换机系统到同一目的地有很多路由，当主路由忙时，其他路由可用为迂回路由使用。

（8）铃流识别功能。根据呼叫类型向用户提供不同的振铃信号，以使用户了解情况。

3. 电话交换机的中继方式

程控数字交换机接入公用电话网进入市内电话局的中继接线，一般采用用户交换机的中继方式，主要有混合进网中继方式、全自动直拨中继方式和半自动中继方式等。

（1）混合进网中继方式。图7-8所示为混合进网中继方式，这种中继方式增加了中继系统连接的灵活性和可靠性。对于容量较大的用户交换机、与公用电话网通信较多的分机采用直接拨入的方式，其他与公用网通信较大的分机用户则采用话务台转接的方式，可以大大地节省通话费用。

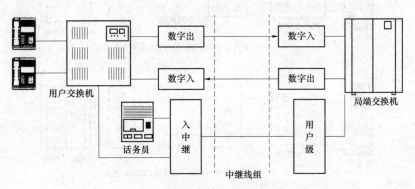

混合进网中继(DOD1+DID+BID)方式

图7-8　混合进网中继方式

（2）全自动中继方式。当交换机容量较大时，应采用全自动直拨中继方式，交换机呼出和呼入均接至市话交换机的选组级。呼出只听用户交换机的一次拨号音，呼入可直拨到分机用户，如图7-9所示。图中DOD为直接拨出，有两种形式：一种是用户呼出至公用电话网时不用拨0或9来选择外线，称为DOD1，用户电话号码采用公用电话网统一编号方式，这种中继方式使用方便，但占用大量的号码资源，用户在支出较多的编号费的同时，还需支出中继线的月租费；另一种是用户呼出至公用电话网时必须拨0或9来选择外线，等到有空闲外线时发出二次拨号音，再进行呼叫，称为DOD2。DID为直接拨入，即从公用电话网可直接呼入至用户分机。

（3）半自动中继方式。半自动中继方式中，用户交换机的呼入、呼出均接至市话局的用户级，如图7-10所示。

4. 电话交换机构成图

程控用户交换机根据技术结构分为程控模拟交换机和程控数字交换机，图7-11所示为程控数字交换机的结构。

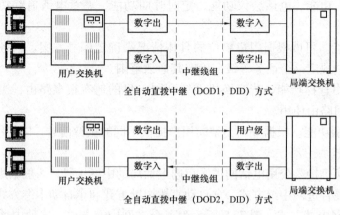

图 7-9　全自动直拨中继方式

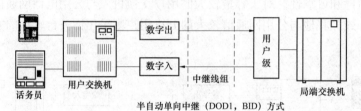

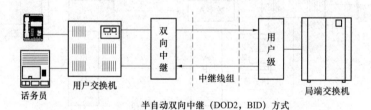

图 7-10　半自动中继方式

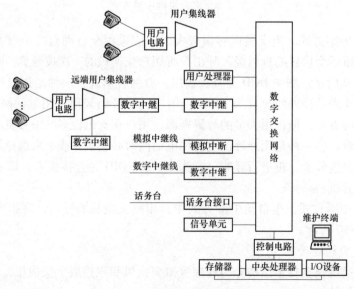

图 7-11　程控数字交换机的结构

第二节　电话通信系统图识读

电话通信系统工程图同样由系统图和平面图组成，是指导具体安装的依据。电话通信系统通常是通过总配线架和市话网连接。

在建筑物内部一般按建筑层数、每层所需电话门数以及这些电话的布局，决定每层设几个分接线箱。

自总配线箱分别引出电缆，以放射式的布线形式引向每层的分接线箱，由总配线箱与分接线箱依次交接连接。

也可以由总配线架引出一路大对数电缆，进入一层交接箱，再由一层交接箱除供本层电话用户外，引出几路具有一定芯线的电缆，分别供上面几层交接箱。

1. 某综合楼电话系统图

图 7-12 为某综合楼电话通信控制系统图。

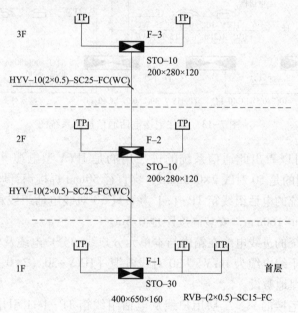

图 7-12　某综合楼电话通信控制系统图

从此系统图上可看到，首层有 30 对线电话组线箱（STO-30）F-1，箱体尺寸为 400mm×650mm×160mm。

可以看出首层有 3 个电话出线口，且箱左边线管内穿一对电话线，箱右边线管内穿两对电话线，到第一个电话出线口分出一对线，再向右边线管内穿剩下的一对电话线。

从图上可看出此综合楼的二层和三层各有对线电话组线箱（STO-10）F-2、F-3，箱体尺寸均为 200mm×280mm×120mm。

可以看出二层和三层每层有 2 个电话出线口。

可以看出二层和三层的电话组线箱之间使用 10 对线电话电缆，电缆线型号为 HYV-10（2×0.5），穿直径 25mm 的焊接钢管埋地、沿墙暗敷设（SC25-FC，WC）。到电话出线口的电话线均为 RVB 型并行线 [RVB-（2×0.5）-SC15-FC]，穿直径 15mm 的焊接钢管地埋地敷设。

2. 某住宅楼电话通信控制系统图

图 7-13 为某住宅楼电话通信控制系统图。

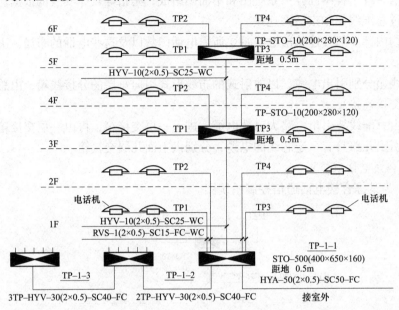

图 7-13 某住宅楼电话通信控制系统图

从图 7-13 上可以看出此通信系统的进户用的是 HYA 型电缆 [HYV-50（2×0.5）-SC50-FC]，电缆用的是 50 对线 2×0.5mm²，穿直径 50mm 焊接钢管埋地敷设。

可以看出此系统的电话组线箱 TP-1-1 为一只 50 对线电话组线箱（STO-50），箱体尺寸为 400mm×650mm×160mm，安装高度距地 0.5m。

可以看出此系统的进线电缆在箱内与本单元分户线和分户电缆及到下一单元的干线电缆连接。下一单元的干线电缆为 HYV 型 30 对线电缆 [HYV-30（2×0.5）-SC40-FC]，穿直径 40mm 焊接钢管埋地敷设。

可以看到此住宅楼的一、二层用户线从电话组线箱 TP-1-1 引出，各用户线使用 RVS 型双绞线，每条线规格为 2×0.5mm² [RVS-1（2×0.5）-SC15-FC-WC]，穿直径 15mm 焊接钢管埋地并沿墙暗敷设。

可以看出从组线箱 TP-1-1 到三层电话组线箱用了一根 10 对线电缆 [HYV-10（2×0.5）-SC25-WC]，穿直径 25mm 焊接钢管沿墙暗敷设。

可以看出在三层和五层各设一只电话组线箱 STO-10（200mm×280mm×120mm），两只电话组线箱均为 10 对线电话组线箱，箱体尺寸为 200mm×280mm×120mm，安装高度距在 0.5m。

可以看出三层到五层也为一根 10 对线电缆。三层和五层电话组线箱连接上、下层四户的用户电话出线口，均使用 RVS 型 2×0.5mm² 双绞线且每户内两个电话出线口。

从此电话通信控制系统图上可以看出从一层组线箱 TP-1-1 箱引出一层 B 户电话线 TP3 向下到起居室电话出线口，隔墙是卧室的电话出线口。

从图上还可以看出一层 A 户电话线 TP1 向右下到起居室电话出线口，隔墙是主卧室的电话出线口。一层每户的两个电话出线口为并联关系，两只电话机并接在一条电话线上。

可以看出二层用户电话线从组线箱 TP-1-1 箱直接引入二层户内，位置与一层对应。一层线路沿一层地面内敷设，二层线路沿一层顶板内敷设。

可以看出单元干线电缆 TP 从 TP-1-1 箱向右下到楼梯对面墙，干线电缆沿墙从一楼向上到五楼，三层和五层装有电话组线箱，各层的电话组线箱引出本层和上一层的用户电话线。

3. 某建筑物电话通信控制系统综合施工图

图 7-14 为某办公楼电话通信控制系统图，图 7-15 为电话通信控制系统平面图。

从系统图上可以看出，此系统组线箱用的是 HYA-50（2×0.5）SC50WCFC 自电信局埋地引入此建筑物的，埋设深度为 0.8m。

从图上可看出电话组线箱由一层电话分接线箱 HX1 引出 3 条电缆，其中一条供本楼层电话使用，一条引至二、三层电话分接线箱，还有一条供给四、五层电话分接线箱，分接线箱引出的支线采用 RVB-2×0.5 型绞线穿塑料 PC 管敷设。

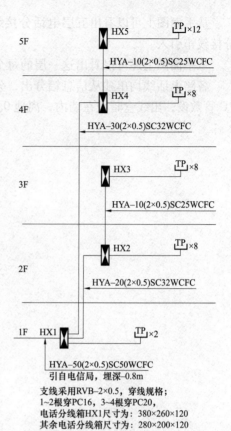

图 7-14　某办公楼电话通信控制系统图

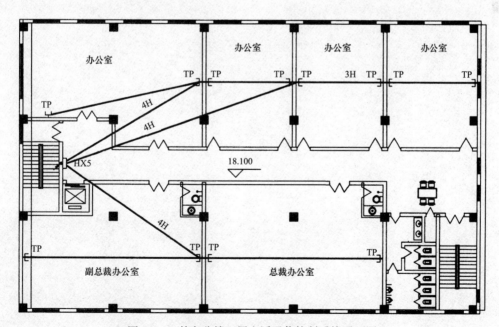

图 7-15　某办公楼五层电话通信控制系统平面图

155

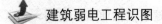

从平面图上可以看出五层电话分接线箱信号通过 HYA-10（2×0.5mm）型电缆由四楼分接线箱引入。

从平面图上还可以看出这一层的每个办公室有电话出线盒 2 只，共 12 只电话出线盒。

各路电话线均单独从信息箱分出，分接线箱引出的支线采用 RVB-2×0.5 型双绞线，穿 PC 管敷设，出线盒暗敷在墙内，离地 0.3m。

第八章 停车场管理系统图

第一节 停车场管理系统组成

一、停车场管理系统主要设备

（1）车辆检测器。车辆检测器对进入停车场的车辆进行检测，有地感线圈和光电检测器两种形式。

地感线圈和检测器如图8-1～图8-3所示。

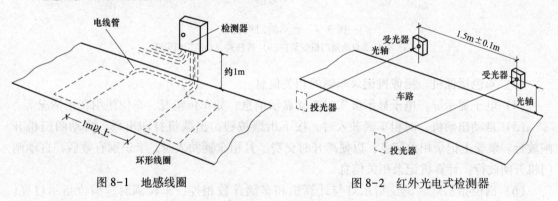

图 8-1 地感线圈　　　　　　　图 8-2 红外光电式检测器

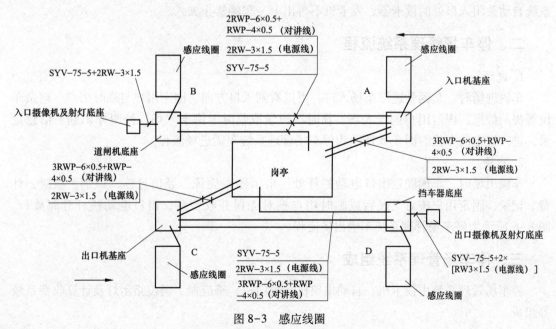

图 8-3 感应线圈

（2）非接触式读卡器。读卡器识读送入的卡片，入口控制器根据卡片上的信息，判断卡片是否有效。读卡器具有防潜回功能，可以防止用一张卡驶入多辆车辆。常用的卡有授权卡、管理卡、固定卡（月租卡）、充值卡、临时卡等几种。

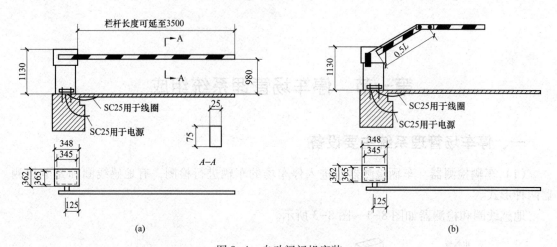

图 8-4　自动闸门机安装
（a）直杆式自动闸门机安装；（b）拆杆式自动闸门机安装

（3）彩色摄像机。摄像机记录车辆的相关信息。

（4）电子显示屏。电子显示屏实时滚动显示信息，如车位情况、车位使用费用情况等。

（5）自动出票机。时租车辆驶入时，按下出票按钮，出票机打印出票，自动闸门机开闸放行。票券上记录相关信息，以便离开时交费。月租车辆驶入时，卡识别有效后，自动闸门机开闸放行。计算机记录相关信息。

（6）满位指示灯。满位指示灯与计算机和车辆计数相连，车位满时，满位指示灯亮。系统自动关闭入口处的读卡器，发卡机不再出卡，车辆禁止驶入。

二、停车场管理系统流程

1. 进场

车辆进场时，车辆驶进停车场入口，可以看到入口方向、固定用户与临时用户、空余车位等提示信息。固定用户刷卡入场，临时用户领取临时卡刷卡入场，经图像识别、信息记录，进入规定的车位。图 8-5 所示为停车场管理系统车辆进场流程。

2. 出场

车辆出场时，车辆驶近出口电动栏杆处，出示停车凭证，经信息读、识别、核对、计费、记录，固定用户核对无误后或临时用户核对无误并收费后，出口电动栏杆升起放行。图 8-6 所示为停车场管理系统车辆出场流程。

三、停车场管理系统组成

停车场管理系统由读卡机、自动出票机、闸门机、感应器、满位指示灯及计算收费系统等组成。

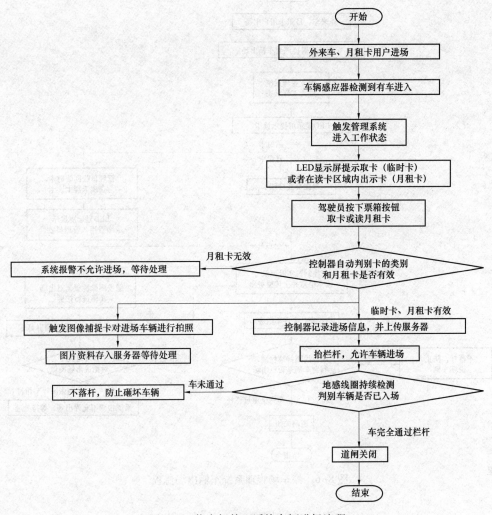

图 8-5 停车场管理系统车辆进场流程

1. 停车场管理系统设备布置

停车场管理系统设备布置如图 8-7 所示。

2. 停车场管理系统图

停车场管理系统的组成如图 8-8 所示。

3. 交费停车场管理系统图

图 8-9 所示为交费停车场管理系统图。

4. 停车场出入口设置系统图

图 8-10 为出入口分开设置的停车场管理系统图。

四、停车场车辆出入检测方式

停车场车辆出入检测方式有光电检测及环形线圈检测两种方式，如图 8-11、图 8-12 所示。

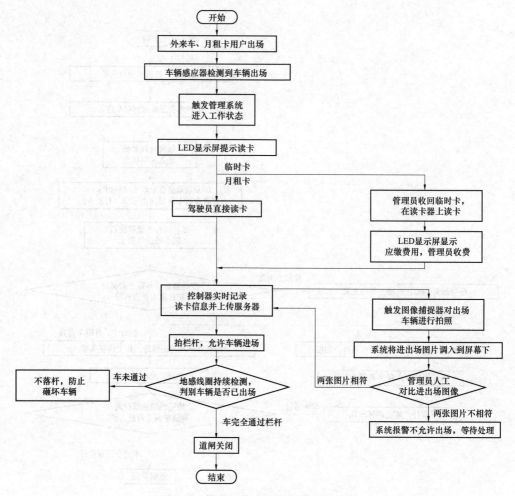

图 8-6 停车场管理系统车辆出场流程

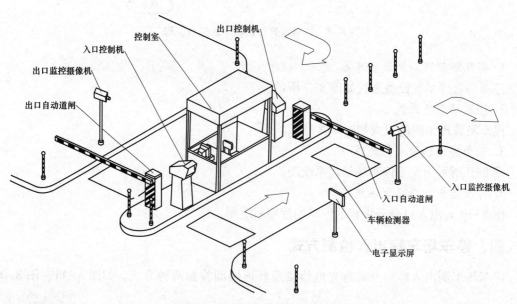

图 8-7 停车场管理系统设备布置

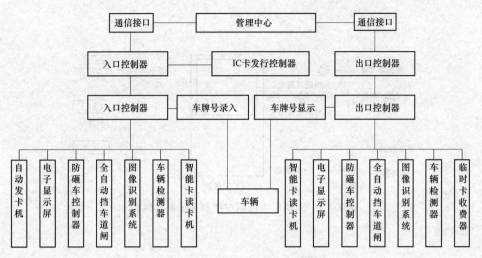

图 8-8 停车场管理系统的组成

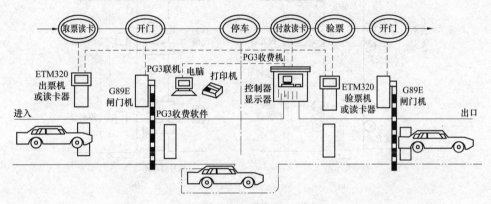

图 8-9 交费停车场管理系统图

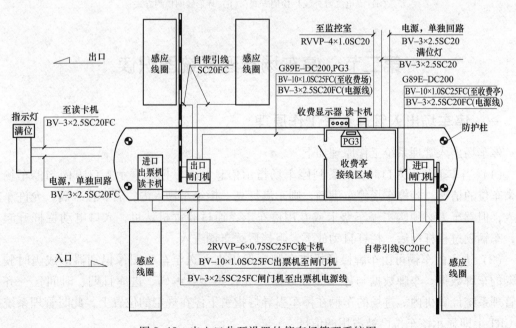

图 8-10 出入口分开设置的停车场管理系统图

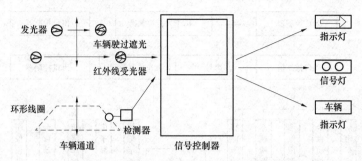

图 8-11　车辆出入检测与控制系统基本结构

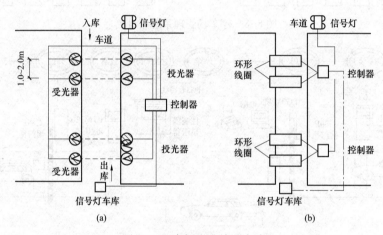

图 8-12　车辆出入检测方式

（a）光电（红外线）检测方式；（b）环形线圈检测方式

第二节　停车场管理系统图识读

一、停车场出入管理系统工作原理

停车场出入管理系统工作原理如下。

（1）当车辆驶近入口时，可看到停车场指示信息标志，标志显示入口方向与停车场内空余车位的情况。若停车场停车满额，则车满灯亮，拒绝车辆入内；若车位未满，允许车辆进入，但驾车人必须购买停车票卡或专用停车卡，通过验读机认可，入口电动栏杆升起放行，车辆驶过栏杆门后，栏杆自动放下，阻挡后续车辆进入。

（2）进入的车辆可由车牌摄像机将车牌影像摄入并送至车牌图像识别器形成当时驶入车辆的车牌数据。车牌数据与停车凭证数据（凭证类型、编码、进库日期、时间）一齐存入管理系统计算机内。进场的车辆在停车引导灯指引下停在规定的位置上，此时管理系统中的 CRT 上即显示该车位已被占用的信息。

（3）车辆离开时，汽车驶近出口电动栏杆处，出示停车凭证并经验读机识别出行的车辆停车编号与出库时间。出口车辆摄像识别器提供的车牌数据与阅读机读出的数据一起送入管理系统，进行核对与计费。若需当场核收费用，由出口收费器（员）收取。

（4）手续完毕后，出口电动栏杆升起放行。放行后电动栏杆落下，停车场停车数减一，入口指示信息标志中的停车状态刷新一次。

二、停车场出入管理系统图

图 8-13 为停车场出入管理系统图。

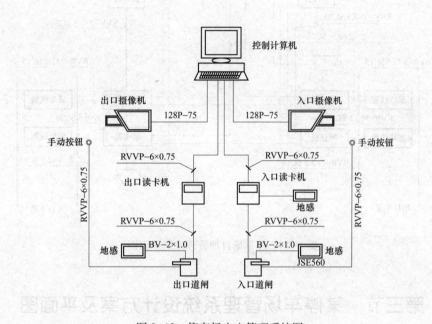

图 8-13　停车场出入管理系统图

由图 8-13 可知此系统由出入口读卡机、电动栏杆、地感线圈、出入口摄像机、手动按钮、管理电脑等组成。出入口道闸可以手动和自动抬起、落下。

可以看出此系统的管理计算机和读卡机之间，读卡机和道闸之间均采用 RVVP-6×0.75 线缆。

可以看出此系统的地感和道闸之间采用 BV-2×1.0 线缆，手动按钮和道闸之间采用的是 RVVP-6×0.75 线缆。

可以看出此系统的控制计算机和摄像机之间采用的是 128P-75 视频电缆。

三、某停车场平面图

图 8-14 为停车场自动管理系统平面图，图中显示了停车场自动管理系统各设备之间的电气联系。

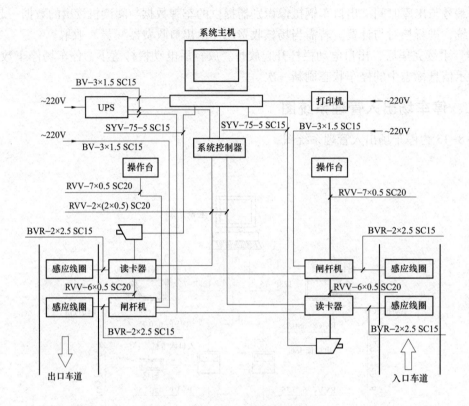

图 8-14　停车场自动管理系统平面图

第三节　某停车场管理系统设计方案及平面图

一、系统概述

　　××大厦拥有一个地下三层停车场，停车位大概 500 个，为了提高车库管理的质量、效益和安全性，我们在地下停车场内设置地下停车场管理系统，在这个系统中我们采用先进的远距离感应卡技术和自动控制技术，使系统具有高度自动化，能最大限度地减少人员费用和人为失误造成的损失，大大提高整个停车库的安全性与使用效率。

　　由于采用近年来发展成熟的新技术，所以整套系统的保密性更强，感应距离更远，操作无需接触。

二、系统规划

　　由于××大厦内的地下停车场不仅为内部服务，也对外开放，所以地下停车场的管理尤为重要，根据它的特殊性，我们进行了系统规划设计。此地下停车场共有两个出入口，其中地面出入口各一个，地下二层出入口一个（合用出入口并通往金融街地下交通道）。在这些出入口处均设置车库管理系统，对车辆的进出进行实时管理。

　　由于停车场对外开放，所以此停车场要具有收费、满位显示、对讲、图像对比等功能，并针对部分停车位（固定专车使用）的特殊性，我们建议使用车位的二级管理，也就是指在车位上设置车位锁，司机手持无线遥控器控制车位锁的开启和关闭，可有效防止乱停车现象和车位被占的事件发生，达到管理自动化，也方便使用者。车位锁的数量可根据实际情况而定。

对于内部固定用户，可通过入口处的远距离IC卡识别装置，读取车辆信息（IC卡连同车证放置于汽车前挡风玻璃处），进出停车场，远距离IC卡识别装置的识别距离>4m。对于外来用户，我们在入口处的吐卡机内事先装入已被门禁系统授权过的只能达到一层的卡片，外来用户在吐卡机前取得授权卡片，进行停车消费，并利用此卡片能进入到大厦一层，且只能进入到一层指定出入口，这样防止了外来停车人员在大楼内随便走动，影响正常办公。

三、设计原则

我们设计的系统遵循下列原则。

（1）技术和设备先进成熟，保证系统运作安全、可靠与稳定。

（2）运营成本经济合理。

（3）管理系统完善，方便使用。

（4）系统合理布局，提高系统的服务质量，缩短服务时间。

（5）实用性、实时性、完整性原则。

（6）可扩展性及易维护性原则。

四、系统设计

（一）概述

网络拓扑结构：智能化的停车场管理系统可以采用各种网络拓扑结构，一般来说星型和总线的混合网络构架最合理、简洁。其一进一出拓扑结构方框图如图8-15所示。

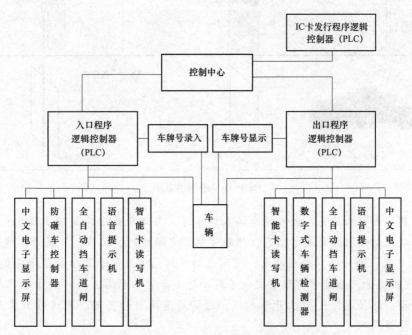

图8-15 拓扑结构图

（二）系统特点及功能

我们所选用的系统具备以下特点。

（1）全中文菜单式操作界面，操作简单、方便。

（2）完善的财务管理功能，自动形成各种报表。

（3）满位显示功能，所有信息显示无需翻页，一目了然。

（4）具有图像对比功能，可自动记录进出车辆牌号。

（5）具有防抬杆、全卸荷、光电控制、带准确平衡系统的高品质的折叠式智能挡车道闸，并配有防撞装置、手动装置及安保员手持开闭遥控器。

（6）高可靠性和适应性的数字式车辆检测系统，可防止无车但有卡的人员的通行。

（7）整套执行机构及控制器均能满足北方气候的需求。

（8）具有防砸车装置。

（9）固定车位配备遥控车位锁，防止车位被占。

（三）工作原理

进场示意图（以固定用户为例）如图8-16所示。

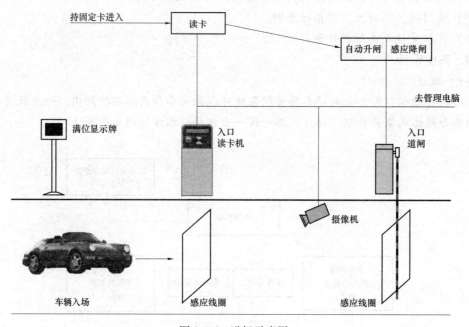

图8-16　进场示意图

过程说明：内部人员将车驶入停车场入口车道，在车距离远距离读卡器5m左右时，远距离读卡器就自动读取远距离卡信息，值班室电脑自动核对、记录，并显示车牌；读卡过程完毕，发出"嘀"的一声，过程结束；道闸自动升起，中文电子显示屏显示礼貌："欢迎入场"，同时发出语音，如读卡有误中文电子显示屏亦会显示原因，如"此卡已作废"等，同时摄像机启动，抓拍图像；司机开车入场；进场后道闸自动关闭。此过程只需几秒即可完成，司机无需停车。

对于外部人员，将车驶入到吐卡机前，取卡，同时读卡器读取IC卡信息，值班室电脑自动核对、记录，并显示车牌；读卡过程完毕，发出"嘀"的一声，过程结束；道闸自动升起，中文电子显示屏显示礼貌："欢迎入场"，同时发出语音。

出场示意图如图 8-17 所示。

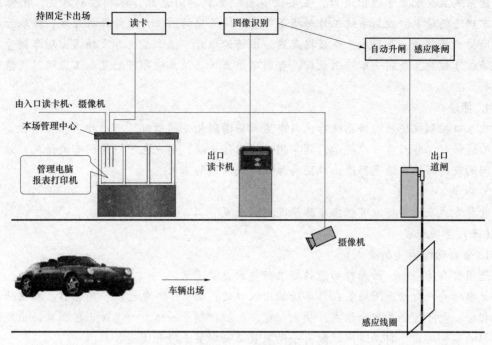

图 8-17 出场示意图

过程说明：固定用户将车驶至出口处，在距停车场出口远距离读卡机 5m 左右时；远距离读卡机自动读取卡片信息，电脑自动记录，通过软件完成收费功能，并在显示屏显示车牌，供值班人员与实车牌对照，以确保"一卡一车"制及车辆安全；感应过程完毕，读卡机发出"嘀"的一声，过程完毕；读卡机盘面上设的滚动式 LED 中文显示屏显示字幕"一路顺风"同时发出语音，如不能出场，会显示原因；道闸自动升起，司机开车离场；出场后道闸自动关闭。

对于外部用户，需把卡片返还，并完成交费。

（四）系统功能

根据××大厦内地下停车场使用人员身份的特殊性及复杂性，我们建议该系统应具备以下特点。

1. 智能车位控制

智能车位控制系统是将原有独立的车位锁设备应用于停车场管理系统中的创新设计，可有效防止乱停车现象和预留车位被占的事件发生。

2. 车位满显示

主控电脑可以随时将车场中的车位情况直观的反映在显示器上面，如果车位已满，每个入口读卡机则不会受理入场（但有固定车位的用户除外），并在电子显示屏上显示中文"车位已满"等字样。

3. 图像识别

智能图像识别系统是将世界上最新一代的车辆综合识别技术（IC 卡+图像识别）引入停车场智能管理系统，并形成以计算机网络管理与控制为核心的机电一体化高科技产品，具有

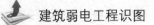

高效、准确、安全、可靠的技术性。

该系统主要配置于进出道口，主要设备有摄像机、闪光灯、抓拍控制系统、图像处理机。车辆进场读卡，控制系统工作时摄下带有车牌号码的图像，经计算机处理，提取号码于车主所持卡的信息一并存入系统数据库内，出场读卡时，摄像系统再次拍摄出场车辆号码并与进场信息核对，是同一车辆则放行，否则不予出场。该系统亦可配置人工监视器，监视车辆通行。

4. 对讲

出入口控制机安装对讲系统后，当车主入场遇到相关问题时，可以按下相应按钮，与控制中心通话。工作人员可以提示、指导用户使用停车场，用户也可以询问有关情况，方便两者之间的及时联系，避免因进出口距离原因造成沟通的不便。

5. 收费

收费方式及收费标准可根据实际情况自行设置。

（五）系统组成

1. 全自动道闸（折叠式）

选用具有防砸车、防抬杆功能的标准折叠式自动道闸。

标准折叠式自动道闸安装在停车场的出入口处，由箱体、电动机、离合器、机械传动部分、栏杆、电子控制等部分组成，集光、电、机械控制于一体。为了防止控制系统出现故障时，影响车辆进出，自动道闸还配有手动装置及安保员手持开闭遥控器。

2. 数字式车辆检测器（亦称"地磁感应线圈"）

选用的数字式车辆检测器是采用数字电路多重判断，由一组环绕线圈与电流感应数字电路板组成，线圈埋于栏杆前后地下20cm处，只要路面上有车辆经过，线圈产生感应电流传送给电路板，再由电路板产生干结点信号给控制主机或电动栏道器，需要说明的是：栏杆前的检测器是输给主机工作状态的信号，栏杆后的检测器实际上是与电动栏杆连在一起，当车辆经过时起防砸作用。

3. 出入口控制主机

出入口控制主机是系统功能得以充分发挥的关键外部设备，是智能卡与系统沟通的桥梁。基本结构：骨架机箱、智能卡读写器，中文电子显示屏、对讲系统等。

4. 系统软件

停车场管理工作站从停车场管理系统的出入口控制器中提取即时数据，经过处理加工后，生成各种控制信息，以准确指导道闸的动作，并定期或不定期汇总停车及管理数据，提供给各级管理部门使用，以备正确抉择。

五、系统选型

本系统我们选用××市科松电子有限公司的停车场设备，××市科松电子有限公司（简称COSON）创立于1994年，致力于智能楼宇门禁、安全防范产品、停车场产品的开发、销售，安防工程项目的设计和安装，以及系统集成，产品应用已经广泛应用到各个领域，并得到业主的一致好评。

类似成功案例：广东省政府一号楼，陕西省政府，山东邹平县政务大楼，上海第二中级人民法院，杭州市萧山区人民法院，国家开发银行总行，招商银行总行大厦，厦门国际银行⋯⋯

第九章　建筑弱电综合布线系统图

第一节　弱电综合布线系统部件及线缆

一、综合布线系统部件

综合布线系统部件是指在系统施工中采用和可能采用的功能部件，主要有以下几种。

（1）建筑群配线架（CD）。

（2）建筑群干线电缆、建筑群干线光缆。

（3）建筑物配线架（BD）。

（4）建筑物干线电缆、建筑物干线光缆。

（5）楼层配线架（FD）。

（6）水平电缆、水平光缆。

（7）转接点（选用）（TP）。

（8）信息插座（IO）。

（9）通信引出端（TO）。

二、综合布线系统线缆及连接件

1. 光缆

（1）光缆类别。

1）按纤芯直径分类。

① 按纤芯直径分有 62.5μm 渐变增强型多模光纤，如图 9-1 所示。

② 8.3μm 突变型单模光纤，如图 9-2 所示。光纤的包层直径均为 125μm，外面包有增强机械和柔韧性的保护层。

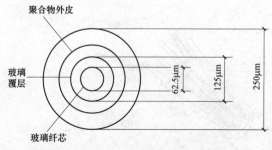

图 9-1　62.5/125μm 渐变增强型多模光纤

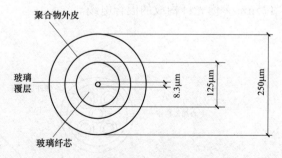

图 9-2　8.3/125μm 突变型单模光纤

③ 单模光纤纤芯直径很小，在给定的工作波长上只能以单一模式传输，传输频带宽、容量大，光信号可以沿光纤的轴向传输，损耗、离散均很小，传输距离远。多模光纤在给定工作波长上能以多个模式同时传输。单模光纤和多模光纤的特性比较见表9-1。

表 9-1 单模光纤和多模光纤的特性比较

单模光纤	多模光纤
用于高速度、长距离传输	用于低速度、短距离传输
成本高	成本低
窄芯线，需要激光源	宽芯线，聚光好
耗散极小，高效	耗散大，低效

2）按波长分类。光缆按波长分有 0.85μm 波长区（0.8～0.9μm）、1.30μm 波长区（1.25～1.35μm）、1.55μm 波长区（1.50～1.60μm）。

不同的波长范围光纤损耗也不相同。其中，0.85μm 和 1.30μm 波长为多模光纤通信方式，1.30μm 和 1.55μm 波长为单模光纤通信方式。综合布线常用 0.85μm 和 1.30μm 两个波长。

3）按应用环境分类。光缆按应用环境分为室内光缆和室外光缆。室内光缆又分为干线、水平线和光纤软线（互连接光缆）。光纤软线由单根或两根光纤构成，可将光学互连点或交连点快速地与设备端接起来。

室外光缆适用地架空、直埋、管道、下水等各种场合，有松套管层绞式铠装式和中心束管式铠装式等，并有多种护套选项。

（2）常用光缆。

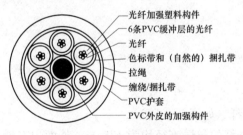

图 9-3 多束 LGBC 光缆结构

1）多束 LGBC 光缆结构。图 9-3 所示为多束 LGBC 光缆结构图。

2）LGBC-4A 光缆。图 9-4 所示为 LGBC-4A 光缆结构。

3）光纤软线。图 9-5 所示为光纤软线结构图。

4）混合电缆。图 9-6 所示为综合布线常用的由两条 8 芯双绞电缆和两条缓冲层的 62.5/125μm 多模光纤构成的混合电缆。

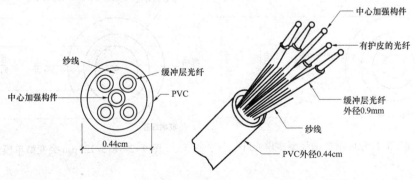

图 9-4 LGBC-4A 光缆结构

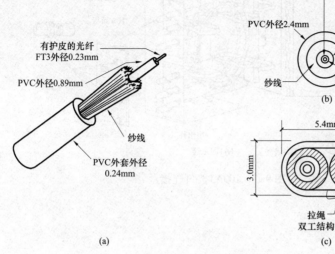

图 9-5　光纤软线结构

（a）光纤软线；（b）单工结构；（c）双工结构

小提示：混合电缆由两个及两个以上不同型号或不同类别的电缆、光纤单元构成，外包一层总护套，总护套内还可以有一层总屏蔽。其中，只由电缆单元构成的称为综合电缆；只由光纤单元构成的称为综合光缆；由电缆单元和光缆单元构成的称为混合电缆。

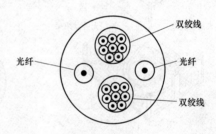

图 9-6　混合电缆

（3）光纤互连装置。箱体（盒）式光纤互连装置（LIU）用来连接光纤，还直接支持带状光缆和束管式光缆的跨接线。图 9-7 所示为 100A3 光纤连接盒。

（4）光缆信息插座。图 9-8 所示为典型的 100mm×100mm 两芯光缆信息插座，内含有 568SC 连接器。光纤盘线架可提供固定光纤所要求的弯曲半径和裕量长度。

（5）光缆的结构图。光缆由纤芯、包层、保护层组成。纤芯和包层由超高纯度的二氧化硅制成，分为单模型和多模型。

纤芯和包层是不可分离的，用光纤工具剥去外皮和塑料膜后，暴露出来的是带有橡胶涂覆层的包层，看不到真正的光纤。

图 9-9 所示为两种类型的缆芯结构截面。中心束管式光缆由装在套管中的 1 束或最多 8 束光纤单元束构成。每束光纤单元是由松绞在一起的 4、6、8、10、12（最多）根一次涂覆光纤组成，并在单元束外面松绕有一条纱线。每根光纤的涂层及每条纱线都标有颜色以便区分。缆芯中的光纤数最少 4 根，最多 96 根，塑料套管内皆充有专用油膏。集合带式光缆由装在塑料套管中的 1 条或最多 18 条集合单元构成。每条集合单元由 12 根一次涂覆光纤排列成一个平面的扁平带构成。塑料套中充有专用油膏。

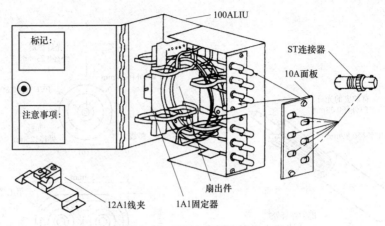

图 9-7　100A3 光纤连接盒

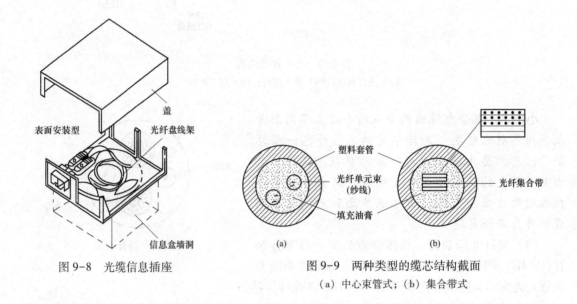

图 9-8　光缆信息插座

图 9-9　两种类型的缆芯结构截面
（a）中心束管式；（b）集合带式

（6）光缆的传输特性。

1）衰减。光纤的衰减是指光信号的能量从发送端经光纤传输后至接收端的损耗，它直接关系到综合布线的传输距离。光纤的损耗与所传输光波的波长有关。

2）色散。光脉冲经光纤传输后，幅度会因衰减而减小，波形也会出现失真，形成脉冲展宽的现象称为色散。

3）带宽。两个有一定距离的光脉冲经光纤传输后产生部分重叠，为避免重叠的发生，输入脉冲有最高速率的限制。两个相邻脉冲有重叠，但仍能区别开时的最高脉冲速率所对应的频率范围为该光纤的最大可用带宽。

2. 电缆

（1）同轴电缆。同轴电缆的特性阻抗是用来描述电缆信号传输特性的指标，其数值取决于同轴线路内外导体的半径、绝缘介质和信号频率。

常用的同轴电缆有两种基本类型：基带同轴电缆和宽带同轴电缆。目前常用的基带同轴电缆的屏蔽线是用铜做成网状的,特性阻抗为 50Ω,如 RG-8、RG-58 等,常用于基带或数字传输。常用的宽带电缆的屏蔽层是用铝冲压成的,特性阻抗为 75Ω,如 RG-59 等,既可以传输模拟信号,也可以传输数字信号。

为保持同轴电缆的电气特性,电缆的屏蔽层必须接地,电缆末端必须安装终端匹配器来吸收剩余能量,削弱信号反射作用。

同轴电缆的衰减一般指 500m 长的电缆段的信号传输衰减值。

(2)双绞电缆。双绞电缆中一般包含 4 个双绞线对:橙 1/橙白 2、蓝 4/蓝白 5、绿 6/绿白 3、棕 8/棕白 7。计算机网络使用 1-2、3-6 两组对来发送和接收数据。双绞线接头为国际标准的 RJ-45 插头和插座。

双绞电缆种类如图 9-10 所示,按其包裹的是否有金属层,分为非屏蔽双绞电缆(UTP)和屏蔽双绞电缆(STP)。

1)屏蔽双绞电缆。屏蔽双绞电缆的电缆芯是铜双绞线,护套层是绝缘塑橡皮,在护套层内增加了金属层。按金属屏蔽层数量和绕包方式的不同又分为铝箔屏蔽双绞电缆(FTP)、铝箔/金属

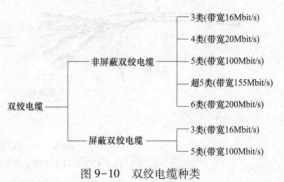

图 9-10 双绞电缆种类

网双层屏蔽双绞电缆(SFTP)和独立双层屏蔽双绞电缆(STP)三种。

① 屏蔽双绞电缆的结构。

如图 9-11(b)所示的 FTP 是由绞合的线对和在多对双绞线外纵包铝箔构成,屏蔽层外是电缆护套层。如图 9-11(c)所示的 SFTP 是由绞合的线对和在每对双绞线外纵包铝箔后,再加铜编织网构成,其电磁屏蔽性能优于 FTP。

如图 9-11(d)所示的 STP 是由绞合的线对和在每对双绞线外纵包铝箔后再将纵包铝箔的多对双绞线加铜编织网构成,这种结构既减少了电磁干扰,又有效抑制了线对之间的综合串扰。

② 屏蔽双绞电缆的特点及适用范围。屏蔽双绞电缆因外面包有较厚的屏蔽层,所以,抗干扰能力强,防自身信号外辐射,适用于保密要求高、对信号质量要求高的场合。

图 9-11 中,非屏蔽双绞电缆和屏蔽双绞电缆都有一根拉绳用来撕开电缆保护套。屏蔽双绞电缆在铝箔屏蔽层和内层聚酯包皮之间还有一根漏电线,将它连接到接地装置上,可泄放金属屏蔽层的电荷,解除线对之间的干扰。屏蔽双绞电缆系统中的缆线和连接硬件都应是屏蔽的,并必须做好良好的接触。

2)非屏蔽双绞电缆。非屏蔽双绞电缆如图 9-11(a)所示,由多对双绞线外包一层绝缘塑料护套组成,由于无屏蔽层,所以,非屏蔽双绞电缆容易安装,较细小,节省空间,价格便宜,适用于网络流量不大的场合。

3)常用双绞电缆。国际电气工业协会(EIA)为双绞线定义了 5 种不同质量的型号,综合布线使用是的 3、4、5 类。其中,第 3 类双绞电缆的传输特性最高规格为 16MHz,用于语音传输及最高传输速率为 10Mbit/s 的数据传输;第 4 类电缆的传输特性最高规格为 20MHz,用于语音传输及最高传输速率为 16Mbit/s 的数据传输;第 5 类电缆增加了绕线密

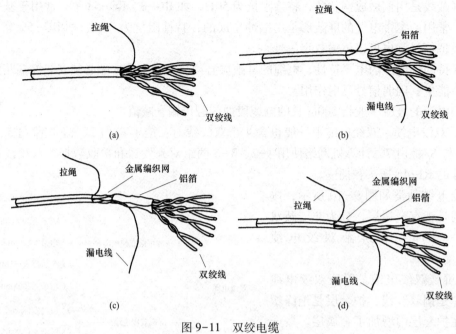

图 9-11 双绞电缆
（a）UTP；（b）FTP；（c）SFTP；（d）STP

度，传输特性最高规格为 100MHz，用于语音传输及最高传输速率为 100Mbit/s 的数据传输。

图 9-12 所示为超 5 类双绞电缆物理结构平面图。超 5 类双绞电缆的特点是能满足大多数应用的要求，有足够的性能余量，安装方便，为高速传输提供方案，满足低综合近端串扰的要求。

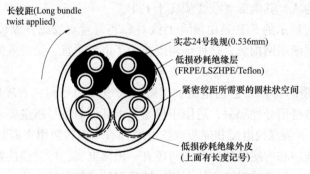

图 9-12 超 5 类双绞电缆物理结构截面

（3）110C 连接场。110C 连接场如图 9-13 所示，它是 110 连接场的核心，有 3 对线、4 对线、5 对线三种规格。

（4）电缆配线架。电缆配线架主要有：110 系列配线架和模块化配线架。110 系列配线架又分为夹接式（110A 型）、接插式（110P 型）等。

1）110A 型配线架。图 9-14 所示为 110A 型 100 对线和 300 对线的接线块组装件。110A 型配线架一般安装在二级交接间、配线间或设备间，接线块后面有走线的空间。

2）110P 型配线架。图 9-15 所示为 110P 型 300 对线接线块组装件。110P 型配线架用插拔快接跳线代替了跨接线，为管理提供了方便，因其无支撑腿，所以，不能安装在墙上。

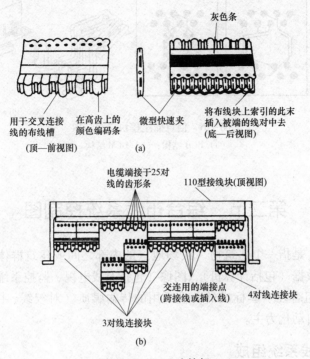

灰色条

用于交叉连接
线的布线槽　　　在高齿上的　　　微型快速夹　　　将布线块上索引的此末
　　　　　　　颜色编码条　　　　　　　　　　　插入被端的线对中去
（顶—前视图）　　　　　　　　　（a）　　　　　　（底—后视图）

电缆端接于25对
线的齿形条　　　　　　　　　　110型接线块(顶视图)

交连用的端接点
（跨接线或插入线）　　　4对线连接块

3对线连接块

（b）

图 9-13　110C 连接场

（a）110C 连接块；（b）110C 连接块的组装

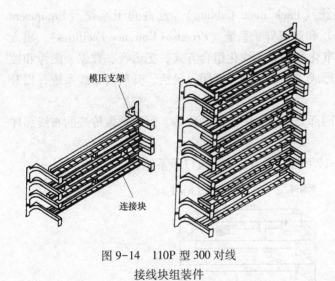

模压支架

连接块

图 9-14　110P 型 300 对线
接线块组装件

背板组件

跳线过线槽

110P布线块
（无"腿"）

走线槽组件

图 9-15　110A 型 100 对线和
300 对线的接线块组装件

3）模块化可翻转配线架。模块化可翻转配线架的面板可翻转，后部封装。面板上还装有 8 位插针的模块插座连接到标准的 110 配线架。

（5）接插线。接插线就是装有连接器的跨接线，将插头插至所需位置即可完成连接，有 1、2、3、4 对线四种。

（6）信息插座模块。图 9-16 所示为 RJ45 信息插座模块，有 PCB 和 DCM 两种。

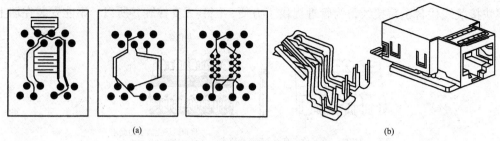

图 9-16　信息插座模块内在结构
(a) PCB 结构；(b) DCM 结构

第二节　综合布线系统控制图

综合布线系统，是指一个建筑物（或场地）的内部之间或建筑群体中的信息传输媒质系统。它将话音、数据（包括计算机）、图像（包括有线电视、监控系统）等各种设备所需的布线、接续构件组合在一套标准的，且通用的传输媒质（对绞线、同轴电缆、光缆等）中，它目前以通信自动化为主。

一、综合布线系统组成

通常综合布线由七个子系统组成，即工作区子系统（Work Area）、水平子系统（Horizontal Cabling）、垂直干线子系统（Back Bone Cabling）、设备间子系统（Equipment Rooms）、管理子系统（Administration）和建筑群子系统（Premises Entrance Facilities）、出入口子系统。综合布线系统大多采用标准化部件和模块化组合方式，把语音、数据、图像和控制信号用统一的传输媒体进行综合，形成了一套标准、实用、灵活、开放的布线系统，提升了弱电系统平台的支撑。

建筑的综合布线系统是将各种不同部分构成一个有机的整体，而不是像传统的布线那样自成体系，互不相干。

综合布线系统的结构组成如图 9-17 所示。（不包含出入口子系统）

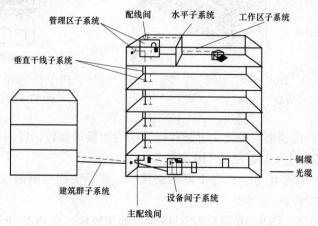

图 9-17　综合布线系统结构组成图

某智能大厦综合布线结构组成图如图 9-18 所示。

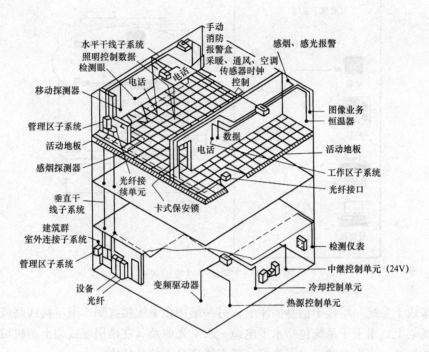

图 9-18　某智能大厦综合布线系统结构组成图

　　其中，工作区子系统由终端设备连接到信息插座的跳线组成。工作区子系统位于建筑物内水平范围个人办公的区域内。

　　工作区子系统将用户终端（电话、传真机、计算机、打印机等）连接到结构化布线系统的信息插座上。它包括信息插头、信息模块、网卡、连接所需的跳线，以及在终端设备和输入/输出（I/O）之间搭接，相当于电话配线系统中连接话机的用户线及话机终端部分。

　　工作区子系统的终端设备可以是电话、微机和数据终端，也可以是仪器仪表、传感器的探测器。

　　工作区子系统的硬件主要有信息插座（通信接线盒）、组合跳线。其中，信息插座是终端设备（工作站）与水平子系统连接的接口，它是工作区子系统与水平子系统之间的分界点，也是连接点、管理点，也称为 I/O 口，或通信线盒。

　　工作区线缆是连接插座与终端设备之间的电缆，也称组合跳线，它是在非屏蔽双绞线（UTP）的两端安装上模块化插头（RJ45 型水晶头）制成。

　　工作区的墙面暗装信息出口，面板的下沿距地面应为 300mm；信息出口与强电插座的距离不能小于 200mm。信息插座与计算机设备的距离保持在 5m 范围内。

　　工作区子系统组成图如图 9-19 所示。

　　水平子系统是指从工作区子系统的信息出发，连接管理子系统的通信中间交叉配线设备的线缆部分。水平布线子系统总是处在一个楼水平布线子系统的一部分，它将干线子系统线路延伸到用户工作区。

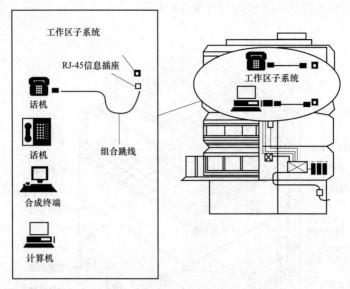

图 9-19　工作区子系统组成图

水平布线子系统一端接于信息插座上，另一端接在干线接线间、卫星接线间或设备机房的管理配线架上。水平子系统包括水平电缆、水平光缆及其在楼层配线架上的机械终端、接插软线和跳接线。水平电缆或水平光缆一般直接连接至信息插座。

图 9-20 为水平子系统组成图。

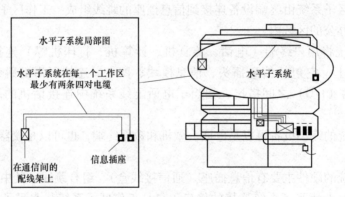

图 9-20　水平子系统组成图

垂直干线子系统是由连接主设备间 MDF 与各管理子系统 IDF 之间的干线光缆及大对数电缆构成，指提供建筑物主干电缆的路由，实现主配线架（MDF）与分配线架的连接及计算机、交换机（PBX）、控制中心与各管理子系统间的连接。

垂直干线子系统的任务是通过建筑物内部的传输电缆，把各个接线间的信号传送到设备间，直至传送到最终接口，再通往外部网络。它既要满足当前的需要，又要适应今后的发展。垂直干线子系统由供各干线接线间电缆走线用的竖向或横向通道与主设备间的电缆组成。

图 9-21 为垂直干线子系统组成图。

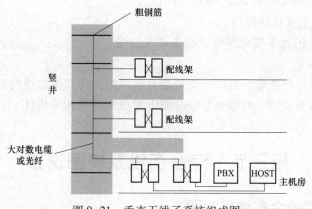

图 9-21 垂直干线子系统组成图

设备间子系统是安装公用设备（如电话交换机、计算机主机、进出线设备、网络主交换机、综合布线系统的有关硬件和设备）的场所。

设备间供电电源为 50Hz、380V/220V，采取三相五线制/单相三线制。通常应考虑备用电源。可采用直接供电和不间断供电相结合的方式。噪声、温度、湿度应满足相应要求，安全和防火应符合相应规范。

管理子系统是提供与其他子系统连接的手段，是使整个综合布线系统及其所连接的设备、器件等构成一个完整的有机体的软系统。通过对管理子系统交接的调整，可以安排或重新安装系统线路的路由，使传输线路能延伸到建筑物内部的各工作区。

管理子系统由交连、互连以及 I/O 组成。管理应对设备间、交接间和工作区的配线设备、线缆、信息插座等设施，按一定的模式进行标识和记录。

建筑群子系统是连接各建筑物之间的传输介质和各种支持设备（硬件）而组成的布线系统。

二、综合布线方式

1. 基本型综合布线系统

基本型综合布线系统是一个经济有效的布线方案。它支持语音或综合型语音/数据产品，并能够全面过渡到数据的异步传输或综合型布线系统。

配置如下。

（1）每一个工作区有 1 个信息插座。

（2）每个工作区的配线为 1 条 4 对对绞电缆。

（3）完全采用 110A 交叉连接硬件，并与未来的附加设备兼容。

（4）每个工作区的干线电缆至少有 2 对双绞线。

2. 增强型综合布线系统

增强型综合布线系统不仅支持语音和数据的应用，还支持图像、影像、影视、视频会议等。它具有为增加功能提供发展的余地，并能够利用接线板进行管理。

配置如下。

（1）每个工作区有 2 个以上信息插座。

（2）每个工作区的配线为 2 条 4 对对绞电缆。

（3）具有 110A 交叉连接硬件。

（4）每个工作区的地平线电缆至少有 3 对双绞线。

3. 综合型布线系统

综合型布线系统是将光缆、双绞电缆或混合电缆纳入建筑物布线的系统。

配置：需在基本型和增强型综合布线基础上增设光缆及相关接件。

第三节　综合布线系统图识读

一、某住宅楼综合布线控制图

图 9-22 及图 9-23 为某住宅楼综合布线控制系统图及平面图。

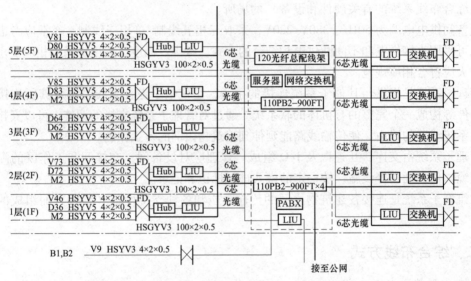

图 9-22　某住宅楼综合布线控制系统图

从系统图上可以看出图中的电话线由户外公用引入，接至主配线间或用户交换机房，机房内有 4 台 110PB2-900FT 型配线架和 1 台用户交换机（PABX）。

可以看出主机房中有服务器、网络交换机、1 台配线架等。

可以看出系统图上的电话与信息输出线，在每个楼层各使用一根 100 对干线 3 类大对数电缆（HSGYV3 100×2×0.5），此外每个楼层还使用一根 6 芯光缆。

可以看出每个楼层设楼层配线架（FD），大多数电缆要接入配线架，用户使用 3、5 类 8 芯电缆（HSYV5 4×2×0.5）。

从系统图上还可以看出光缆先接入光纤配线架（LIU），转换成电信号后，再经集线器（Hub）或交换机分路，接入楼层配线架（FD）。

可以看到系统图左侧 2 层的右边，V73 表示本层有 73 个语音出线口，D72 表示本层有 72 个数据出线口，M2 表示本层有 2 个视像监控口。

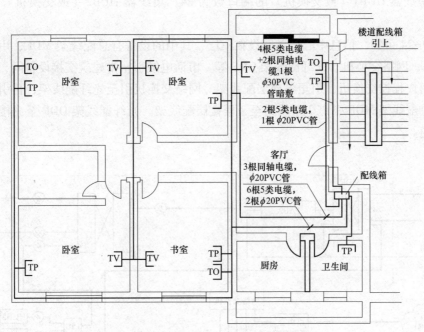

图9-23 某住宅楼首层综合布线平面图

从此住宅楼平面图上可以看出信息线由楼道内配电箱引入室内，使用4根5类4对非屏蔽双绞线电缆（UTP）和2根同轴电缆，穿φ30PVC管在墙体内暗敷设。

可以看出该层每户室内有一只家居配线箱，配线箱内有双绞线电缆分接端子和电视分配器，本用户为3分配器。

可以获悉该层户内每个房间都有电话插座（TP），起居室和书房有数据信息插座（TO），每个插座用1根5类UTP电缆与家居配线箱连接。

可以得知该层户内各居室都有电视插座（TV），用3根同轴电缆与家居配线箱内分配器连接，墙两侧安装的电视插座，用二分支配器分配电视信号。户内电缆穿φ20PVC管在墙体内暗敷。

二、某科研综合楼综合布线系统图识图

图9-24～图9-26所示为某科研综合楼综合布线系统图。

（1）由ODF至各HUB的光缆采用单模或多模光缆，其上所标的数字为光纤芯数。

（2）由MDF到1FD～5FD的电缆采用25对大对数电缆，其上所标的数字为电缆根数。

（3）FD至CP的电缆采用25对大对数电缆支持电话，其上所标的数字为25对大对数电缆根数；FD至CP的电缆采用4对对绞电缆支持计算机（数据），其上所标的数字为4对对绞电缆根数。

（4）MDF采用IDC配线架支持电话，光纤配线架ODF用于支持计算机。FD采用RJ45模块配线架用于支持计算机（数据），采用IDC配线架用于支持电话。

（5）集线器 HUB1（或交换机）的端口数为 24，集线器 HUB2（或交换机）的端口数为 48。

由图 9-24 可知，信息中心设备间设在三层，其中的设备有总配线架 MDF、用户程控交换机 PABX、网络交换机、光纤配线架 ODF 等。市话电缆引至本建筑交接设备间，再引至总配线架和用户程控交换机，引至各楼层配线架。网络交换机引至光纤配线架，再引至各楼层配线架。总配线架 MDF 引出 7 条线路至三楼楼层配线架。光纤配线架 ODF 至三楼集线器采用 8 芯光缆。

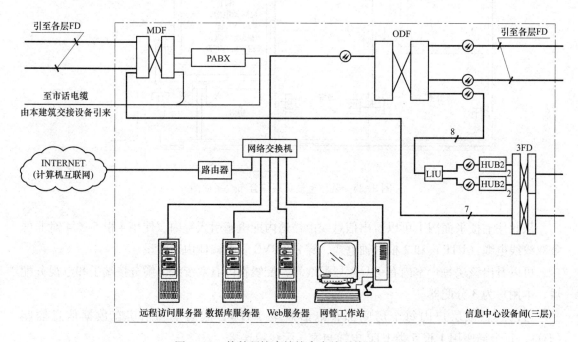

图 9-24　某科研综合楼综合布线系统图（一）

由图 9-25 和图 9-26 可知，总配线架 MDF 引出 4 条线路至一楼楼层配线架，引出 6 条线路至二楼楼层配线架，引出 7 条线路至四楼楼层配线架，引出 5 条线路至五楼楼层配线架。光纤配线架 ODF 至一楼集线器采用 4 芯光缆，至二楼集线器采用 8 芯光缆，至四楼集线器采用 8 芯光缆，至五楼集线器采用 4 芯光缆。

各层中 CP 的数量及其所支持的电话插座和计算机插座的数量如图 9-25、图 9-26 中所示。

三、某酒店综合布线系统图

图 9-27 为某酒店弱电系统综合布线图。

（1）市政电话电缆先由室外引入地下一层弱电机房的总接线箱，再由总接线箱经各层分线箱引至楼内的每个电话、数据插座。

（2）在竖井内，垂直干线沿桥架接入每层分配线架，水平干线沿桥架与各个终端相连。

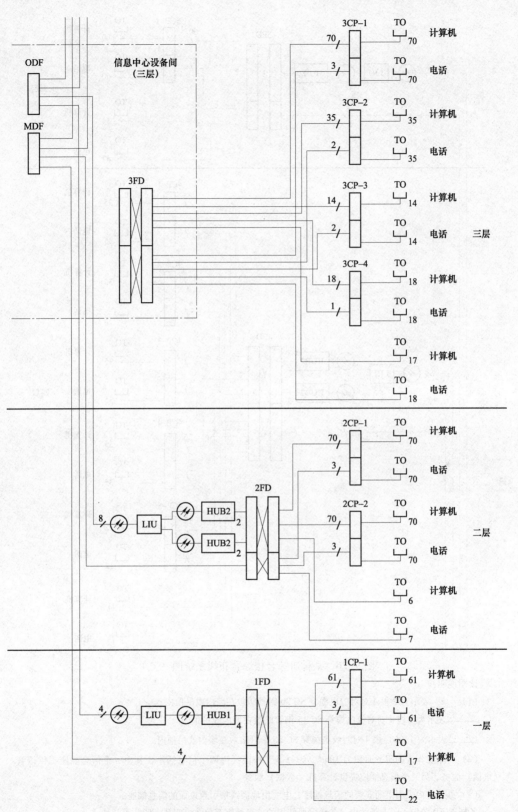

图 9-25 某科研综合楼综合布线系统图（二）

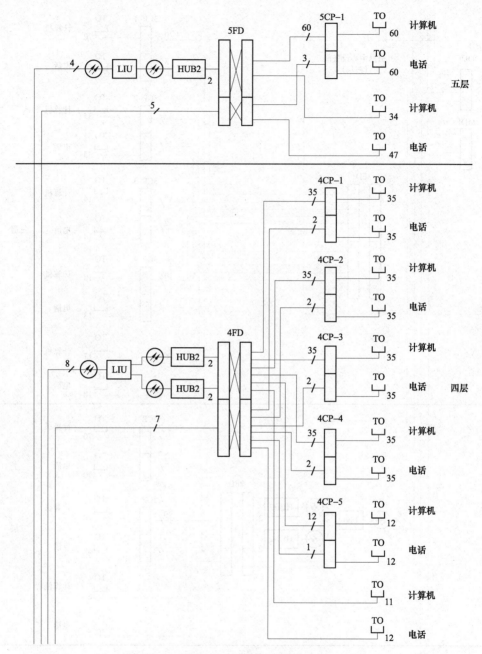

图 9-26　某科研综合楼综合布线系统图（三）

读图说明：

（1）　__2__　表示为 2 根 4 对绞电缆穿 SC 20 钢管暗敷在墙内或吊顶内。

　__1__　表示为 1 根 4 对绞电缆穿 SC 15 钢管暗敷在墙内或吊顶内。

　__4（6）__　表示为 4（6）根 4 对绞电缆穿 SC 25 钢管暗敷在墙内或吊顶内。

（2）一个工作区的服务面积为 10m^2，为每个工作区提供两个信息插座，其中一个信息插座提供语音（电话）服务，另一个信息插座提供计算机（数据）服务。

（3）办公室内采用桌面安装的信息插座，电缆由地面线槽引至桌面的信息插座。

各楼层 FD 装设于弱电竖井内。各楼层所使用的信息插座有单孔、双孔、四孔等几种。

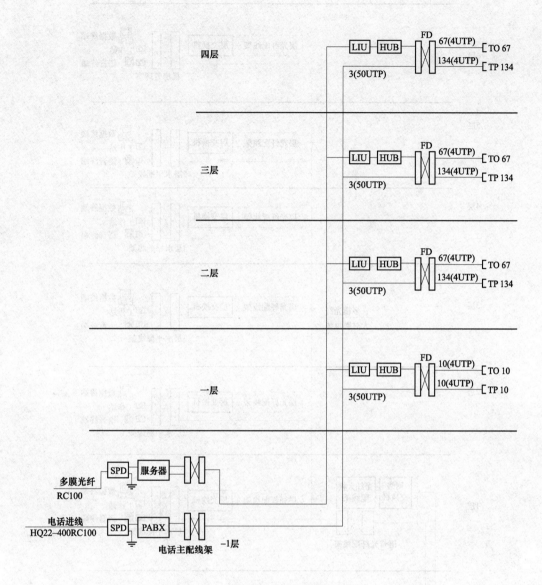

图 9-27　某酒店弱电系统综合布线图

（3）本系统以一个房间为一个工作区，每个工作区内根据房间面积和形状设置 1～2 个终端插座，工作区内的终端插座与水平桥架内的水平干线相连接。

（4）户内采用超 5 类线传输数据和语音，确保各终端传输速率合格，并要求各个子系统结构化配制。

四、某综合教学楼综合布线系统设计

某综合教学楼弱电设计综合布线图如图 9-28 所示。

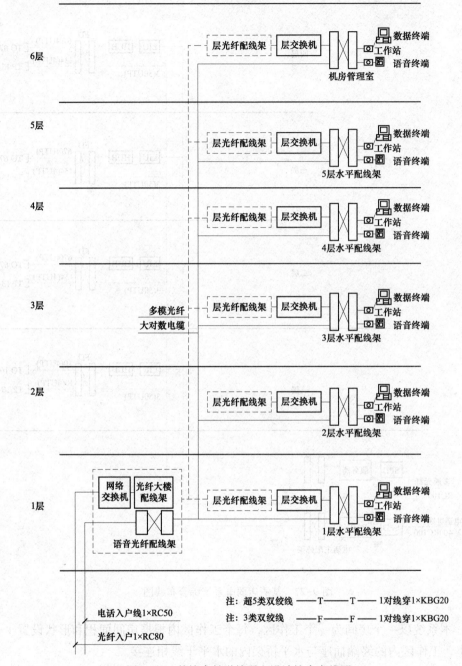

图 9-28 某综合教学楼弱电设计综合布线图

第十章　建筑弱电安装图

第一节　安防系统简介

一、安全防范系统的构成

安全技术防范系统的基本构成包括如下子系统：入侵报警子系统、电视监控子系统、出入口控制子系统、保安巡更子系统、通信和指挥子系统、供电子系统、其他子系统。

（1）入侵报警子系统、电视监控子系统、出入口控制子系统和保安巡更子系统是最常见的子系统。

通信和指挥子系统在整个安防系统中起着重要的作用，主要表现在如下几个方面。

1）可以使控制中心与各有关防范区域及时地互通信息，了解各防范区域的有关安全情况。

2）可以对各有关防范区域进行声音监听，对产生报警的防区进行声音复核。

3）可以及时调度、指挥保安人员和其他保卫力量相互配合，统一协调地处置突发事件。

4）一旦出现紧急情况和重大安全事件，可以与外界（派出所、110、单位保卫部门等）及时取得联系并报告有关情况，争取增援。

（2）通信和指挥系统一般要求多路、多信道，采用有线或无线方式。其主要设备有手持式对讲机、固定式对讲机、手机、固定电话，重要防范区域安装声音监听视音头。

（3）供电子系统是安防系统中一个非常重要，但又容易被忽视的子系统。系统必须具有备用电源，否则，一旦市电停电或被人为切断外部电源，整个技防系统就将完全瘫痪，不具有任何防范功能。备用电源的种类可以是下列之一或其组合：二次电池及充电器；UPS电源；发电机。

（4）其他子系统还包括访客查询子系统、车辆和移动目标防盗防劫报警子系统、专用的高安全实体防护子系统、防爆和安全检查子系统、停车场（库）管理子系统、安全信息广播子系统等。

二、安全防范系统的功能

安全技术防范工程是人、设备、技术、管理的综合产物。一个完整的安全防范系统应具备以下功能：图像监控功能，包括视像监控、影像验证、图像识别系统；探测报警功能，包括内部防卫探测、周界防卫探测、危急情况监控、图形鉴定；控制功能，包括图像功能、识别功能、响应报警的联动控制；自动化辅助功能，包括内部通信、双向无线通信、有线广播、电话拨打、巡更管理、员工考勤、资源共享与设施预订。

三、安全防范系统的风险等级

安全技术防范工程的设计要依据风险等级、防护级别和安全防护水平三个标准。

（1）风险等级。指存在于人和财产（被保护对象）周围的、对他（它）们构成严重威胁的程度。一般分为三级：一级风险为最高风险，二级风险为高风险，三级风险为一般风险。

（2）防护级别。指对人和财产安全所采取的防范措施（技术的和组织的）的水平。一般分为三级，一级防护为最高安全防护，二级防护为高安全防护，三级防护为一般安全防护。

（3）安全防护水平。指风险等级被防护级别所覆盖的程度，即达到或实现安全的程度。

（4）风险等级和防护级别的关系。一般来说，风险等级与防护级别的划分应有一定的对应关系，各风险的对象需采取高级别的防护措施，才能获得高水平的安全防护。

第二节　门禁控制系统图

一、门禁控制系统

1. 按设计原理分类

（1）控制器与读卡器（识别仪）分体。这类系统控制器安装在室内，只有读卡器输入线露在室外，其他所有控制线均在室内，而读卡器传递的是数字信号，因此，若无有效卡片或密码任何人都无法进门。这类系统应是用户的首选。

（2）控制器自带读卡器（识别仪）。这种设计的缺陷是控制器须安装在门外，因此部分控制线必须露在门外，内行人无须卡片或密码即可轻松开门。

2. 按与微机通信方式分类

（1）网络型。这类产品的技术含量高，目前还不多见，只有少数几个公司的产品成型。它的通信方式采用的是网络常用的 TCP/IP 协议。这类系统的优点是控制器与管理中心通过局域网传递数据，管理中心位置可以随时变更，不需重新布线，很容易实现网络控制或异地控制。这类系统适用于大系统或安装位置分散的单位，缺点是系统通信部分的稳定取决于局域网的稳定性。

（2）单机控制型。这类产品是最常见的，适用于小系统或安装位置集中的单位。通常采用 RS-485 通信方式。它的优点是投资小，通信线路专用。缺点是一旦安装好就不能随便地更换管理中心的位置，不易实现网络控制和异地控制。

3. 按进出识别方式分类

（1）卡片识别。

1）卡片识别就是通过读卡或读卡加密码方式来识别进出权限的识别方式，按卡片种类又分为磁卡和射频卡。

2）磁卡的优点是成本较低，一人一卡（+密码），安全性一般，可联微机，有开门记录。缺点是卡片、设备有磨损，使用寿命较短，卡片容易复制，不易双向控制，卡片信息容易因外界磁场丢失，使卡片无效。

3）射频卡的优点是卡片、设备无接触，开门方便安全；寿命长，理论寿命至少十年；安全性高，可联微机，有开门记录，可以实现双向控制，卡片很难被复制。缺点是成本较高。

（2）密码识别。

1）密码识别即通过检验输入密码是否正确来识别进出权限。这类产品又分两类：一类是普通型；一类是乱序键盘型。

2）普通型的优点是操作方便，无须携带卡片，成本低。缺点是同时只能容纳三组密码，容易泄露，安全性很差，无进出记录，只能单向控制。

3）乱序键盘型键盘上的数字不固定，不定期自动变化，其优点是操作方便，无须携带卡片。缺点是密码容易泄露，安全性不是很高，无进出记录，只能单向控制，成本高。

（3）人像识别。人像识别是通过检验人员生物特征等方式来识别进出的识别方式，有指纹型、虹膜型、面部识别型等。

人像识别的优点是安全性很好，无须携带卡片。缺点是成本很高，识别率不高，对环境要求高，对使用者要求高（比如指纹不能划伤，眼不能红肿出血，脸上不能有伤，或胡子的多少等），使用不方便（比如虹膜型的和面部识别型的，安装高度位置是一定的，但使用者的身高却各不相同）。

小提示：

一般人们都认为生物识别的门禁系统很安全，其实这是误解。门禁系统的安全不仅仅是识别方式的安全性，还包括控制系统的安全，软件系统的安全，通信系统的安全，电源系统的安全等。也就是说，整个系统是一个整体，若有一个方面不合格，整个系统都不安全。例如有的指纹门禁系统，它的控制器和指纹识别仪是一体的，安装时要装在室外，这样一来控制锁开关的线就露在室外，很容易被人打开。

二、门禁管理系统的工作原理

门禁管理系统是用来控制进出建筑物或一些特殊区域的管理系统。出入口控制系统采用个人识别卡方式，给每个有权进入的人发一张个人身份识别卡，系统根据该卡的卡号和当前的时间等信息，判断该卡持有人是否可以进出。在建筑物内的主要管理区、出入口、电梯厅、主要设备控制中心机房、贵重物品库房等重要部位的通道口安装上出入口控制系统，可有效控制人员的流动，并能对工作人员的出入情况做及时的查询，同时系统还可兼作考勤统计。如果遇到非法进入者，还能实现报警。

三、门禁系统的功能

较为完善的门禁系统能实现的基本功能如下。

1. 对通道进出权限的管理

对通道进出权限的管理主要有以下几个方面。

（1）进出通道的权限。就是对每个通道设置哪些人可以进出，哪些人不能进出。

（2）进出通道的方式。就是对可以进出该通道的人的进出方式的授权。进出方式通常有密码、读卡（生物识别）、读卡（生物识别）+密码三种方式。

（3）进出通道的时段。就是设置可以进出该通道的人在什么时间范围内可以进出。

2. 出入记录查询功能

系统可储存所有的进出记录、状态记录，可按不同的查询条件查询，配备相应考勤软件可实现考勤、门禁一卡通。

3. 实时监控功能

系统管理人员可以通过微机实时查看每个门区人员的进出情况（同时有照片显示），每个门区的状态（包括门的开关，各种非正常状态报警等），也可以在紧急状态打开或关闭所有的门区。

4. 特殊功能

（1）消防报警监控联动功能。在出现火警时门禁系统可以自动打开所有电子锁让里面的人随时逃生。监控联动通常是指监控系统自动将有人刷卡时（有效/无效）的情况录下，同时也将门禁系统出现警报时的情况录下来。

（2）反潜回功能。就是持卡人必须依照预先设定好的路线进出，否则下一通道刷卡无效。本功能是为防止无卡人尾随别人进入。

（3）防尾随功能。就是持卡人必须关上刚进入的门才能打开下一个门。本功能与反潜回实现的功能一样，只是方式不同。

（4）逻辑开门功能。简单地说就是同一个门需要几个人同时刷卡（或其他方式）才能打开电控门锁。

（5）网络设置管理监控功能。大多数门禁系统只能用一台微机管理，而技术先进的系统则可以在网络上任何一个授权的位置对整个系统进行设置监控查询管理，也可以通过Internet网上进行异地设置管理监控查询。

（6）电梯控制系统。就是在电梯内部安装读卡器，用户通过读卡对电梯进行控制，无须按任何按钮。

5. 异常报警功能

在异常情况下可以实现微机报警或报警器报警，如非法侵入、门超时未关等。

四、门禁系统设备组成

1. 门禁控制器

门禁控制器是门禁系统的核心部分，是整个门禁系统工程的大脑，其作用是接收、分析、处理、储存和控制整个系统输入、输出的信息等。门禁控制器的稳定性和性能关系到整个系统的安全级别和先进管理的可实现性。

2. 读卡器（识别仪）

读卡器的作用是读取卡片中的数据（生物特征信息），其发展方向是能够具有生物辨识功能、高保密性、可远距离读卡功能等。读卡器是系统的重要组成部分，关系着整个系统的稳定。

3. 电控锁

电控锁是门禁系统中锁门的执行部件，根据门的材料、出门要求等需求的不同而各异，主要有以下几种类型。

（1）阳极锁。阳极锁是断电开门型，符合消防要求，它安装在门框的上部。与电磁锁不同的是，阳极锁适用于双向的木门、玻璃门、防火门，而且它本身带有门磁检测器，可随时检测门的安全状态。

（2）阴极锁。阴极锁一般为通电开门型，适用于单向木门。因其停电时是锁门的，所以安装时一定要配备 UPS 电源。

（3）电磁锁。电磁锁是断电开门型，符合消防的要求，同时配备有多种安装架以供顾客使用。这种锁具适用于单向的木门、玻璃门、防火门和对开的电动门。

4. 门禁管理系统软件

通过门禁管理系统软件可以实现实时对进、出人员进行监控，对各门区进行编辑，对系统进行编程，对各突发事件进行查询及人员进出资料实时查询等，还可完成视频、消防、报警、巡更、电梯控制等联动功能，以及考勤、消费、停车场等多种关联功能。

5. 卡片

卡片就是开门的钥匙，可以在卡片上打印持卡人的个人照片，将开门卡和胸卡合二为一。

非接触智能卡方便实用、识别速度快、安全性高，所以目前应用最为广泛。常用的非接触卡有 Mifari 卡、ID 卡、EM 卡等。

6. 电源

电源是整个系统的供电设备，分为普通和后备式（带蓄电池的）两种。

7. 遥控开关

遥控开关是在紧急情况下进出门时使用。

8. 玻璃破碎报警器

玻璃破碎报警器作为意外情况下开门使用。

9. 出门按钮

按一下出门按钮则门打开，适用于对出门无限制的情况。

10. 门磁

门磁用于检测门的安全、开关状态等。

某建筑物出入口控制系统设备布置图如图 10-1 所示。

五、门禁控制系统的组成

门禁控制系统一般由目标识别子系统、信息管理子系统和控制执行机构三部分组成，如图 10-2 所示。系统的主要设备有门禁控制器、读卡器、电控锁、电源、射频卡、出门按钮及其他选用设备（如门铃、报警器、遥控器、自动拨号器、门禁管理软件、门窗磁感应开关）等。

（1）系统的前端设备为各种出入口目标的识别装置和门锁启闭装置，包括识别卡、读卡器、控制器、出门按钮、钥匙、指示灯和警号等。主要用来接受人员输入的信息，再转换成电信号送到控制器，同时根据来自控制器的信号，完成开锁、闭锁、报警等工作。

（2）控制器接收底层设备发来的相关信息，同存储的信息相比较并作出判断，然后发出处理信息。单个控制器可以组成一个简单的门禁控制系统用来管理一个或多门。多个控制器通过通信网络同计算机连接起来就组成了可集中监控的门禁控制系统。

（3）整个系统的传输方式一般采用专线或网络传输。

（4）目标识别子系统可分为对人的识别和对物的识别。以对人的识别为例，可分为生

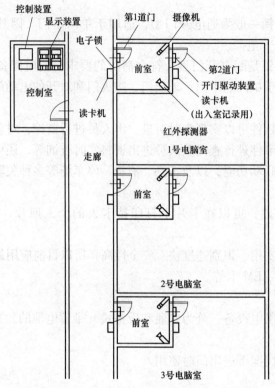

图 10-1　某建筑物出入口控制系统设备布置图

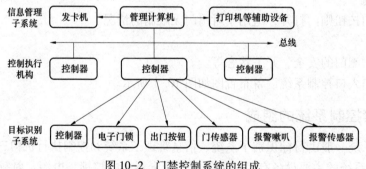

图 10-2　门禁控制系统的组成

物特征识别系统和编码识别系统两类。生物特征识别（由目标自身特性决定）系统如指纹识别、掌纹识别、眼纹识别、面部特征识别、语音特征识别等。

六、门禁控制系统图识读

1. 门禁系统示意图

门禁系统外形示意图如图 10-3 所示。

2. 某建筑门禁图例

图 10-4 所示为门禁系统图示例。使用五类非屏蔽双绞线将主控模块连接到各层读卡模块，读卡模块到读卡器、门磁开关、出门按钮、电控锁所用导线如图 10-5 所示。

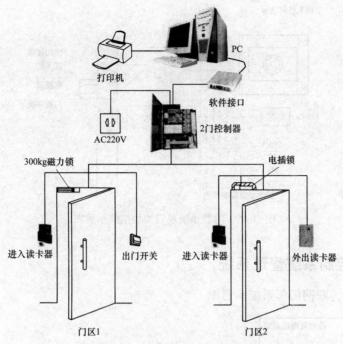

图 10-3 门禁系统外形示意图

说明：

1 号门区为进入读卡、外出按钮型。

2 号门区为进出均需读卡型。

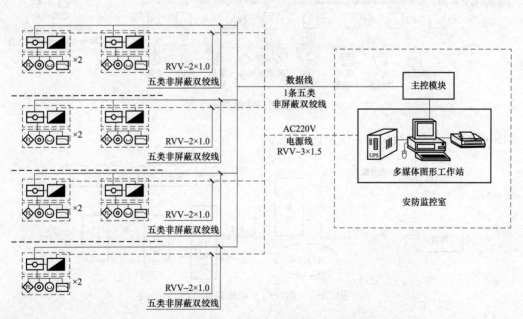

图 10-4 门禁系统图示例

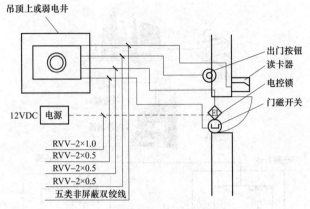

图 10-5　门禁系统单门模块接线示意图

七、门禁控制系统管理系统

图 10-6 所示为联网门禁系统示意图。

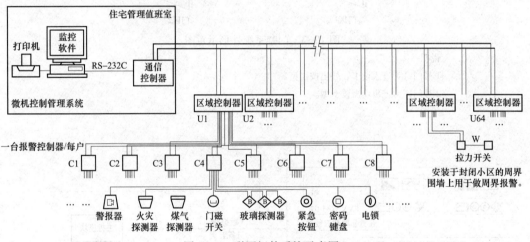

图 10-6　联网门禁系统示意图

图 10-7 所示为指纹门禁系统验证流程。

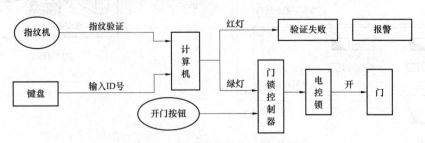

图 10-7　指纹门禁系统验证流程

图 10-8 所示为活体指纹识别门禁系统图。

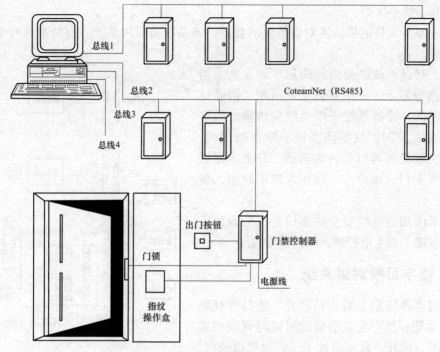

图 10-8　活体指纹识别门禁系统图

八、某建筑出入口控制系统图识读

某建筑出入口管理系统示意图如图 10-9 所示，系统由出入口控制管理主机、读卡器、电控锁、控制器等部分组成。各出入口管理控制器电源由 UPS 电源通过 BV-3×2.5 线统一提供，电源线穿 ϕ15mm 的 SC 管暗敷设。出入口控制管理主机和出入口数据控制器之间采用 RVVP-4×1.0 线连接。图 10-9 中，在出入口管理主机引入消防信号，当有火灾发生时，门禁将被打开。

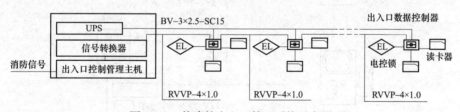

图 10-9　某建筑出入口管理系统示意图

第三节　楼宇对讲系统图

一、楼宇对讲系统图组成

楼宇访问对讲系统是指来访客人与住户之间提供双向通话或可视通话，并由住户遥控防盗门的开关及向保安管理中心进行紧急报警的一种安全防范系统。它适用于单元式公寓、高层住宅楼和居住小区等。

图 10-10 为某住宅楼访客对讲系统示意图，该系统由对讲系统、控制系统和电控防盗安全门组成。

其中，对讲系统主要由传声器、语言放大器及振铃电路等组成，要求对讲语言清晰、信噪比高、失真度低。控制系统采用总线制传输、数字编码解码方式控制，只要访客按下户主的代码，对应的户主摘机就可以与访客通话，并决定是否打开防盗安全门；而户主可以凭电磁钥匙出入该单元大门。

对讲系统用的电控安全防盗门是在一般防盗安全门的基础上加上电控锁、闭门器等构件。

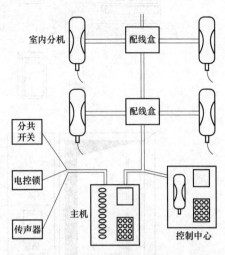

图 10-10 某住宅楼访客对讲系统示意图

二、楼宇可视对讲系统

可视对讲系统除了对讲功能外，还具有视频信号传输功能，使户主在通话时可同时观察到来访者的情况。因此，系统增加了一部微型摄像机，安装在大门入口处附近，用户终端设一部监视器。可视对讲系统如图 10-11 所示。

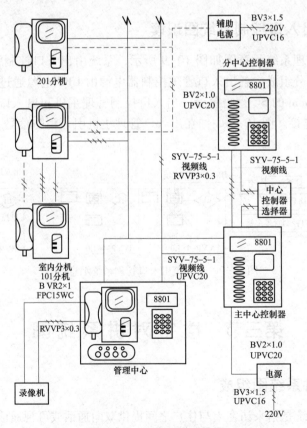

图 10-11 可视对讲系统图

可视对讲系统主要功能如下。

（1）通过观察监视器上来访者的图像，可以将不希望的来访者拒之门外。

（2）按下呼出键，即使没人拿起听筒，屋里的人也可以听到来客的声音。

（3）按下"电子门锁打开按钮"，门锁可以自动打开。

（4）按下"监视按钮"，即使不拿起听筒，也可以监听和监看来访者长达 30s，而来访者却听不到屋里的任何声音；再按一次，解除监视状态。

三、楼宇对讲系统安装施工图

1. 门口主机的安装

门口主机通常镶嵌在防盗门或墙体主机预埋盒内，主机底边距地不宜高于 1.5m，操作面板应面向访客且便于操作。安装应牢固可靠，并应保证摄像镜头的有效视角范围。

室外对讲门口主机安装时，主机与墙之间为防止雨水进入，要用玻璃胶堵住缝隙，主机安装高度为摄像头距地面 1.5m。

图 10-12 所示为楼宇对讲系统对讲门口主机安装图。

2. 室内机安装

室内机一般安装在室内的门口内墙上，安装高度中心距地面 1.3～1.5m，安装应牢固可靠，平直不倾斜。图 10-13 所示为楼宇对讲系统室内对讲机安装方法。

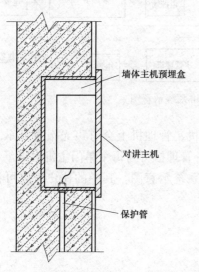

图 10-12　楼宇对讲系统对讲门口主机安装图

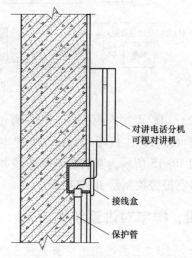

图 10-13　楼宇对讲系统室内对讲机安装方法

3. 可视对讲系统安装

联网型（可视）对讲系统的管理机宜安装在监控中心内或小区出入口的值班室内，安装应牢固可靠。

图 10-14 所示为联网型的楼宇对讲系统示意图。

（1）联网型的楼宇对讲系统由管理中心的管理主机和分控中心的副管理主机、住户门口的门口主机、住户室内的用户分机、电源、隔离器、电脑主机和打印机等组成。用户可通过室内分机上的按键盘与其他用户之间进行通话，也可与管理主机进行通话。

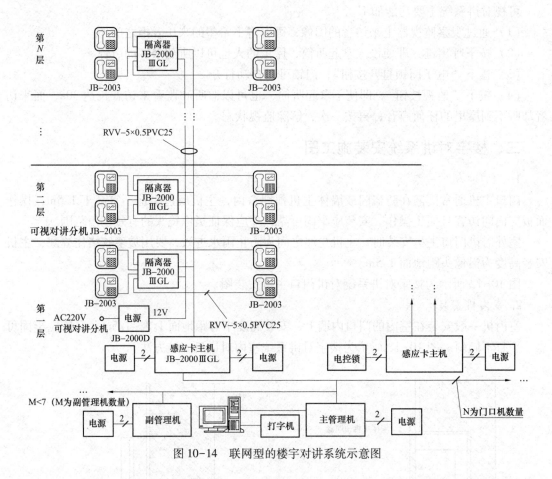

图 10-14　联网型的楼宇对讲系统示意图

（2）用户可按室内分机上的报警键呼叫管理主机，管理机上会有声光报警显示。住户门口机可按管理主机呼叫键，与管理主机进行通话，管理机可与每个单门主机对讲。

图 10-15 所示为联网型带报警模块的可视对讲系统示意图。其中的住户家庭可视对讲主机带有报警控制器 JB-2403。

四、楼宇对讲系统图识读

1. 现代住宅小区楼宇对讲系统

楼宇对讲系统是现代住宅小区的一个非常重要的自动控制系统。图 10-16 为某高层住宅楼楼宇对讲系统图（一）。

从图上可看出此系统图上每个用户室内设置一台可视电话分机，单元楼梯口设一台带门禁编码式可视梯口主机，住户可以通过智能卡和密码打开单元门，可通过门口主机实现在楼梯口与住户的呼叫对讲。

从图上可看出此系统的楼梯间设备采用就近供电方式，由单元配电箱引一路 220V 电源至梯间箱，实现了对每楼层楼宇对讲 2 分配器及室内可视分机供电。

从图上还可获悉，此系统的视频信号型号分别为 SYV75-5+RVVP6×0.75 和 SYV75-5+RVVP6×0.75，楼梯间电源线型号分别为 RVV3×1.0 和 RVVP2×0.5。

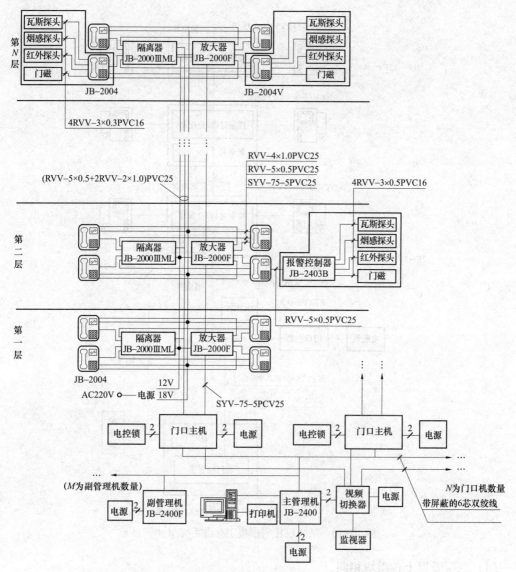

图 10-15 联网型带报警模块的可视对讲系统示意图

2. 某多层住宅楼宇可视对讲系统读图识图

图 10-17 所示为某高层住宅可视对讲系统图（二）。

（1）从图上可知，管理中心通过通信线路 RS-232 与电脑相连，且安装于物业管理办公室内；又引至楼宇对讲主机 DH-100-C，KVV-ZR-7×1.0-CT 为阻燃铜芯聚氯乙烯绝缘聚氯乙烯护套控制电缆、7 芯、每根芯截面 1.0mm²、电缆桥架敷设，SYV-75-5-1 为实芯聚乙烯绝缘聚氯乙烯护套射频同轴电缆，特性阻抗 75Ω。

（2）再引至各楼层分配器 DJ-X，300×400 为楼层分配器规格尺寸，RV-2×1.0 为双芯铜芯塑料连接软线，每根芯截面 1.0mm²，穿管径 20mm 的水煤气钢管敷设；然后引至各室内分机，各室内分机接室外门铃。

（3）门口主机和各楼层分配箱由辅助电源供电，门口主机装有电控锁。

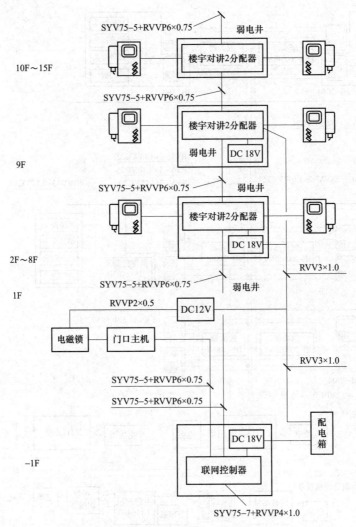

图 10-16　某高层住宅楼楼宇对讲系统图（一）

（4）二层及以上各层均相同。

3. 某高层住宅楼宇对讲系统

图 10-18 所示为某高层住宅楼楼宇对讲系统图（三），该楼宇对讲系统为联网型可视对讲系统。

（1）每个用户室内设置一台可视电话分机，单元楼梯口设一台带门禁编码式可视梯口机，住户可以通过智能卡和密码开启单元门。

（2）可通过门口主机实现在楼梯口与住户的呼叫对讲。

（3）楼梯间设备采用就近供电方式，由单元配电箱引一路 220V 电源至梯间箱，实现对每楼层楼宇对讲 2 分配器及室内可视分机供电。

从图 10-18 中可知，视频信号线型号分别为 SYV75－5＋RVVP6×0.75 和 YV75－5＋RVVP6×0.75，楼梯间电源线型号分别为 RVVP3×1.0 和 RVV2×0.5。

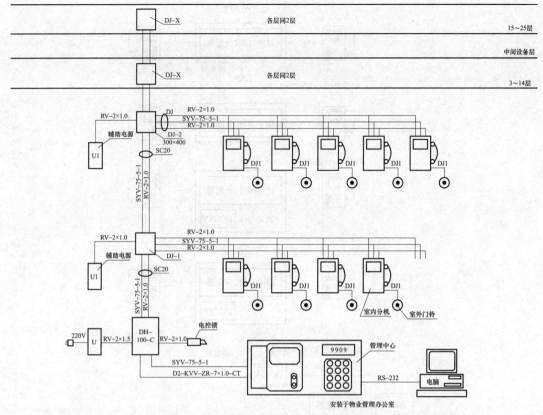

图 10-17　某高层住宅楼楼宇对讲系统图（二）

第四节　电视监控系统

电视监控系统是电视技术在安全防范领域的应用，是一种先进的、安全防范能力极强的综合系统。它的主要功能是通过摄像机及其辅助设备来监控现场，并把监测到的图像、声音内容传送到监控中心。

一、电视监控系统工作原理

通常，电视监控系统是由摄像、传输分配、控制、图像显示与记录等四个部分组成。工作时，系统通过摄像部分把所监视目标的光、声信号变成电信号，然后送入传输分配部分。传输分配部分将摄像机输出的视频（有时包括音频）信号馈送到中心机房或其他监视点。系统通过控制部分可在中心机房通过有关设备对系统的摄像和传输分配部分的设备进行远距离控制。系统传输的图像信号可依靠相关设备进行切换、记录、重放、加工和复制等处理。

二、电视监控系统的组成

电视监控系统的组成如图 10-19 所示。

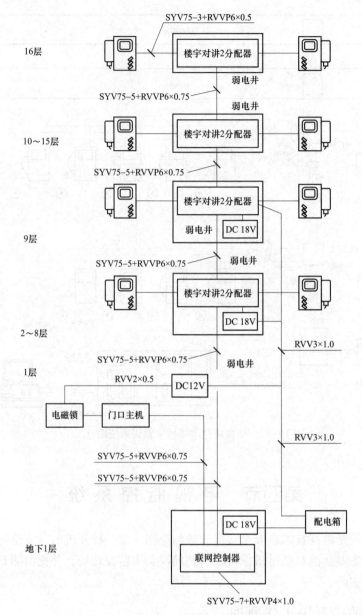

图 10-18　某高层住宅楼楼宇对讲系统图（三）

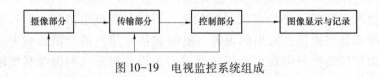

图 10-19　电视监控系统组成

1. 摄像部分

摄像部分由摄像机、镜头、摄像机防护罩和云台等设备构成，其中摄像机是核心设备。

（1）摄像机。摄像机是电视监控系统中最基本的前端设备，其作用是将被摄物体的光图像转变为电信号，为系统提供信号源。按摄像器件的类型，摄像机分为电真空摄像机和固体摄像器件两大类。其中固体摄像器件（如 CCD 器件）是近年发展起来的一类新型摄像器件，具有寿命长、质量轻、不受磁干扰、抗震性好、无残像和不怕靶面灼烧等优点，随着其技术的不断完善和价格的逐渐降低，已经逐渐取代了电真空摄像管。

摄像机的外形如图 10-20 所示。

（2）镜头。摄像机镜头是电视监控系统中不可缺少的部件，它的质量（指标）优劣直接影响摄像机的整机指标。摄像机镜头是按其功能和操作方法分为定焦距镜头、变焦距镜头和特殊镜头三大类。

（3）云台。云台是一种用来安装摄像机的工作台，分为手动和电动两种。手动云台由螺栓固定在支撑物上，摄像机方向的调节有一定范围。一般水平方向可调15°～30°，垂直方向可调±45°；电动云台是在微型电动机的带动下做水平和垂直转动，不同的产品其转动角度也各不相同。

图 10-20　摄像机的实物外形

（4）防护罩。为了使摄像部分能够在各种环境下都能正常工作，需要使用防护罩来进行保护。防护罩的种类有很多，主要分为室内、室外和特殊类型等几种。室内防护罩主要区别是体积大小，外形是否美观，表面处理是否合格。主要以装饰性、隐蔽性和防尘为主要目标。而室外型因属全天候应用，需适应不同的使用环境。

2. 传输部分

传输部分主要完成整个系统的数据的传输，包括电视信号和控制信号。电视信号从系统前端的摄像机流向电视监控系统的控制中心，控制信号从控制中心流向前端的摄像机等受控对象。

电视监控系统中，传输方式的确定，主要根据传输距离的远近、摄像机的多少来定。传输距离较近时，采用视频传输方式；传输距离较远时，采用射频有线传输方式或光缆传输方式。

3. 控制部分

控制部分是电视监控系统的中心，它包括主控器（主控键盘）、分控器（分控键盘）、视频矩阵切换器、音频矩阵切换器、报警控制器及解码器等。其中，主控器和视频矩阵切换器是系统中必须具有的设备，通常将它们集中为一体，电视监控系统控制台结构如图 10-21 所示。

三、电视监控系统施工图识读范例

图 10-22 及图 10-23 分别为某六层建筑物电视监控系统图及平面布置图。

如图 10-22 电视监控系统图所示，可以看出此建筑物的监控中心设置在首层，一层监控室统一安装有摄像机、监视机及所需电源，并设有监控室操作通断。

如系统图 10-22 所示，一层建筑物里安装有 13 台摄像机，2 楼安装 6 台摄像机，其余楼层各安装 2 台摄像机。

系统图上的视频线采用 SYV-75-5，电源线采用 BV-2×0.5，摄像机通信线采用 RVVP-2×1.0（带云台控制另配一根 RVVP-2×1.0）。系统中的视频线、电源线、通信线共穿 φ25 的 PC 管暗敷设。

从图 10-22 上可以看出系统在一层、二层设置了安防报警系统，入侵报警主机安装在

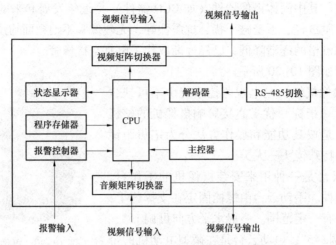

图 10-21　电视监控系统控制台结构

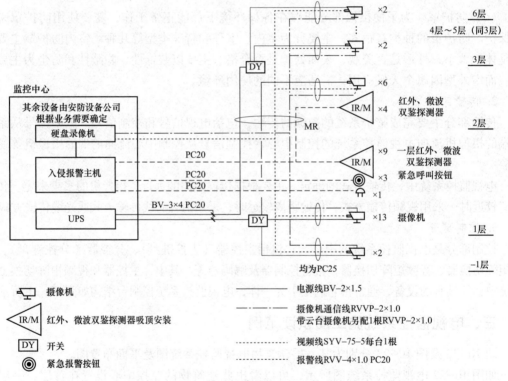

图 10-22　某六层建筑物电视监控系统图

监控室内。

可以看出在建筑物的二层安装了 4 只红外、微波双鉴探测器，吸顶安装；在一层安装了 9 只红外、微波双鉴探测器，3 只紧急呼叫按钮和一个警铃。

可以看出系统的报警线用的是 RVV-4×1.0 线穿 φ20PC 管暗敷设。

从 10-23 的电视监控平面图上同样可以看出，监控室设置在首层，在这一层共设置了 13 台摄像机，9 台红外、微波双鉴探测器，3 台紧急呼叫按钮和 1 台警铃。

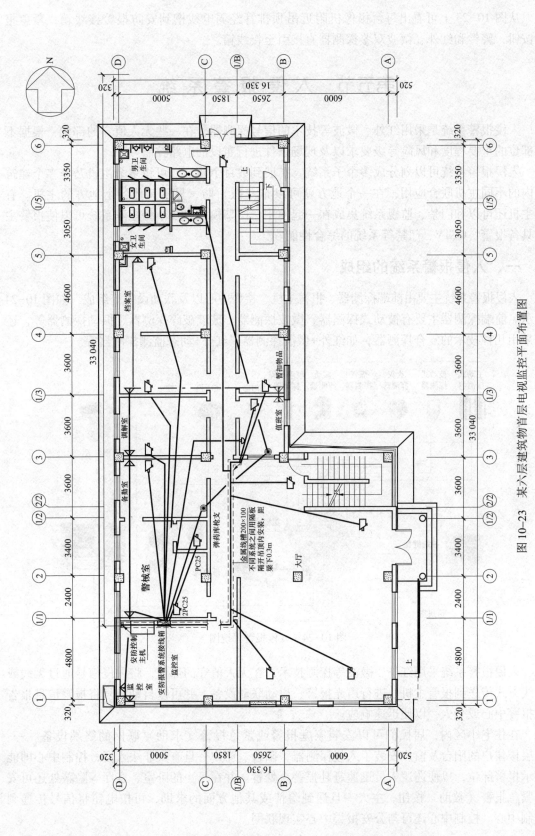

图10-23 某六层建筑物首层电视监控平面布置图

从图 10-23 上可看出每台摄像机附近吊顶排管经弱电线槽到安防报警接线箱；紧急报警按钮，警铃和红外、微波双鉴探测器直接引至接线箱。

第五节 入侵报警系统

入侵报警系统是采用红外、微波等技术的信号探测器，在一些无人值守的部位，根据不同部位的重要程度和风险等级要求以及现场条件进行布设的电路控制。

入侵报警系统可以划分成多个子系统，扩展到数百个防区。可将多个主机乃至多个建筑物内的不同主机联合应用，在一个地方就可以布（撤）防、显示其他各个地方的主机。有的主机还可以和门禁、监视系统集成在一起使用，门禁模块以及小型矩阵系统可以使报警主机具备报警、CCTV、门禁等系统的综合性能。

一、入侵报警系统的组成

入侵报警系统主要由前端探测器、报警主机、接警中心以及联动设备等组成，如图 10-24 所示。前端探测器主要有被动式探测器、微波探测器、玻璃破碎探测器、振动探测器等，还有采用几种技术的复合探测器，如红外+微波探测器、红外+动态监测探测器等。

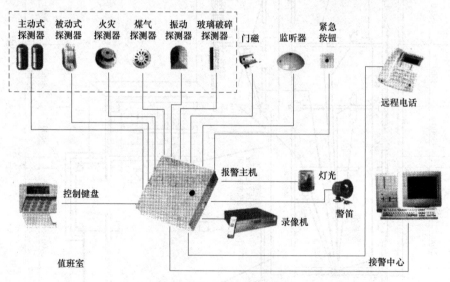

图 10-24 入侵报警系统图

入侵报警系统采用红外、微波等探测技术，在无人值守的部位，将入侵信号通过无线或有线方式传送到报警主机，进行声光报警、启动联动设备，并可以自动拨号将报警信息报告给报警中心或个人，以便迅速响应。

在住宅小区内，居民们可以安装家庭报警或紧急报警（求助）联网的终端设备。一、二层楼住户的阳台及窗户安装了入侵探测器，阳台、窗户一旦有人非法入侵，控制中心即能显示报警部位，以便巡逻人员迅速赶赴报警点处置。并在每户的卧室、客厅等隐蔽处还可安装紧急报警（救助）按钮，主人一旦遇到险情或其他方面的求助，可按电钮将信号传递到控制中心。控制中心还可与公安报警中心实现联网。

另外，为了对小区进行安全防范，还可以在小区周界或周界围墙和栅栏上设置报警装置，这样的报警系统通常由安装在设防周界上的探测器（或传感线缆）、报警接收/通信主机及传输电缆组成。报警接收/通信主机安装在物业管理中心，接收探测器报警信号，显示发生警情的路段、时间，对周界进行分区布防。

二、入侵报警系统的工作原理

在防盗报警系统中，探测器安装在防范现场，用来探测和预报各种危险情况。当有入侵发生时，发出报警信号，并将报警信号经传输系统发送到报警主机。由信号传输系统送到报警主机的电信号经控制器作进一步的处理，以判断"有"或"无"危险信号。若有情况，控制器就控制报警装置发出声、光报警信号，引起值班人员的警觉。

三、入侵报警系统图识读

图 10-25 为某大楼入侵报警系统图。

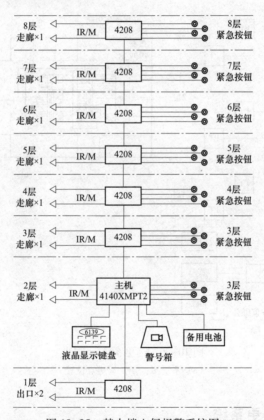

图 10-25 某大楼入侵报警系统图

图 10-25 中，IR/M 探测器（被动红外/微波双技术探测器），共 20 点。其中，在一层两个出入口内侧左右各有一个，在两个出入口共有 4 个，在二层到八层走廊两头各装有一个，共 14 个。

从图 10-25 上可看出在二层到八层中，每层各装有 4 个紧急按钮。

从图上还可以看出此入侵报警系统图的配线为总线制，施工中敷线注意隐蔽。

从此图上还可看出此系统扩展器"4208",为总线制8区扩展器（提供8个地址），每层1个。其中，1层的"4208"为4区扩展器，3至8层的"4208"为6区扩展器。

此系统的主机4140XMPT2为（美）ADEMCO大型多功能主机，该主机有9个基本接线防区，总线式结构，扩充防区十分方便，并具有多重密码、布防时间设定、自动拨号以及"黑匣子"记录功能。

第六节　电子巡更系统

电子巡更系统是大型保安系统的一部分，是对巡逻情况进行监控的系统。在智能楼宇和小区各区域内及重要部位安装巡更站点，保安巡更人员携带巡更记录卡，按指定路线和时间到达巡更点并进行记录，并将记录信息传送到管理中心计算机。电子巡更系统可实现对保安人员的管理和保护，实现人防和技防的结合。图10-26所示为巡更系统示意图。

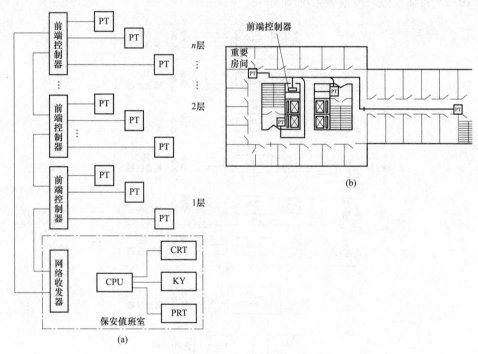

图10-26　巡更系统示意图
（a）系统图；（b）巡更点设置

一、有线电子巡更系统

（1）有线电子巡更系统的数据识读器安装在需巡检的部位，再用总线连接到管理中心的计算机上。保安人员按要求巡逻时，用数据卡或信息钮在数据识读器上识读，相关信息即可送至管理中心计算机。

（2）图10-27所示为有线式电子巡更系统示意图，它是与门禁管理系统相结合。门禁系统的读卡器实时地将巡更信号输送到管理中心计算机，通过巡更系统软件解读巡更数据。

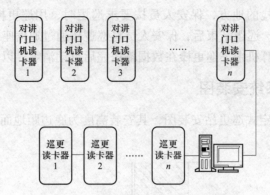

图 10-27　有线式电子巡更系统示意图

（3）图 10-28 所示为有线式电子巡更系统与入侵报警系统结合使用，利用入侵报警系统进行实时巡更管理。其中，多防区报警控制主机采用总线制连接方式，通过总线地址模块与巡更开关相连，主控室能对巡更人员的巡更情况进行实时监控并记录。报警控制主机的软件系统将相关信息输送到报警主机。

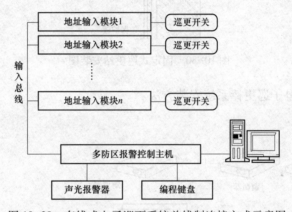

图 10-28　有线式电子巡更系统总线制连接方式示意图

二、离线电子巡更系统

离线电子巡更系统如图 10-29 所示，由信息钮、巡更棒、通信座、电脑和管理软件组成。

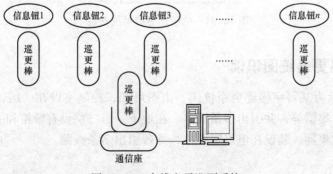

图 10-29　离线电子巡更系统

信息钮安装在需巡检的地方，保安人员按要求巡逻时，用巡更棒逐个阅读沿路的信息钮，即可记录相关信息。巡逻结束后，保安人员将巡逻棒通过通信座与计算机相连、巡更棒中的数据就被输送到计算机中。巡更棒在数据输送完后自动清零，以便下次使用。

三、电子巡更系统安装图

图 10-30 所示为固定式巡更站安装图，其安装高度为底边距地面 1.4m。

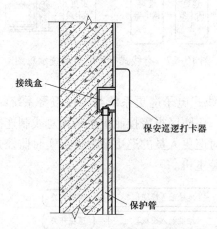

图 10-30　固定式巡更站安装图

图 10-31 所示为电子巡更棒系统安装方法。

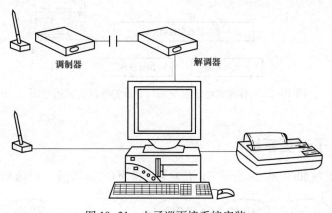

图 10-31　电子巡更棒系统安装

四、电子巡更系统图识读

图 10-32 所示为某写字楼巡更系统图。由图可知，控制室设在一层，控制室中有主电脑、通信接口、收集器等，并引出多条线路。在地下一、二层设有警笛和手动报警器。地下一层中还有两个收集器，装设在电讯竖井中，并各引出多条线路。

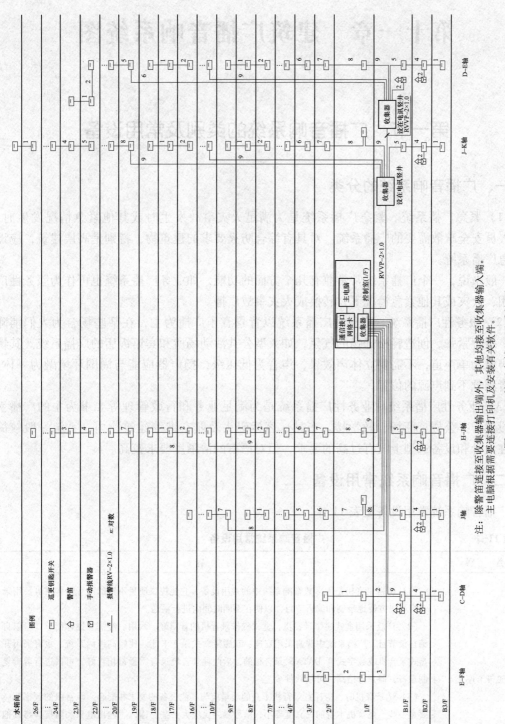

图10-32 某写字楼巡更系统图

注：除警笛连接至收集器输出端外，其他均接至收集器输入端。
主电脑根据需要连接打印机及安装有关软件。

第十一章　建筑广播音响系统图

第一节　广播音响系统的类别及常用设备

一、广播音响系统的分类

（1）紧急广播系统。紧急广播系统是为满足火灾事故发生时或其他紧急情况发生时，指挥人员安全疏散需要的广播系统。对具有综合防火要求的建筑物，特别是高层建筑，应设置紧急广播系统。

一般来说，一个广播系统常常兼有几个方面的功能，如业务广播系统也可作为服务性广播使用，火灾或其他紧急情况下，转换成火灾事故广播。

（2）服务性广播系统。服务性广播系统以背景音乐广播为主，在某些场合为人们消除疲劳、缓解紧张、创造轻松舒畅的气氛，如大型公共活动场所和宾馆饭店的广播系统。其特点是声源为单声道，不需要立体声效果，声音为低压级，扬声器应能与周围环境融为一体，使听者感觉不到声源的位置。

（3）业务性广播系统。业务性广播系统是为满足业务和行政管理等要求为主的广播系统，设置于办公楼、商场、教学楼、车站、客运码头及航空港等建筑物内。系统一般较简单，在设计和设备选型上没有过高的要求，但对语言的清晰度要求较高。

二、广播音响系统常用设备

广播音响系统常用设备见表11-1。

表 11-1　　　　　　　　　　　　　　广播音响系统常用设备

类　别	内　容
磁带卡座	（1）磁带录音机是大多数音响系统中的常用设备，它能提供质量不错的录音音频信号。用录音机可以方便地录制和编辑节目，以便在不同时间内进行播送。 （2）广泛采用盒式磁带录音机，盒式磁带录音机的音质好、耐用、经济、操作简单，可以自编自录节目。广播系统中普遍采用双速、双磁带盒式录音卡座。比较高级的系统，也有采用开盘式录音机或数字式（DATA）录音机的，后两种录音机录音质量都相当好，可以进行剪辑复制录音，但是价格高，可用软件少。 （3）选录音机时，应注意录音机本身的质量应与其他设备的要求相配合。录音机的频率响应要宽一些。录音机本身的失真度要小，信号噪声比应大一些。输入、输出电平和阻抗应与其他有关广播设备相适应。 （4）广播系统中采用的录音机最好是双磁带卡座式录音机，最好具备自动翻带及选曲功能，以便播音过程中编辑工作

类　别	内　容
调谐器	（1）收音调谐器是常用的信号源设备，它实际上是一台设有低频放大和扬声器的收音机。由于电台连续式播音，而且电台节目通常十分精彩，质量也相当不错，因此调谐器很适合作为信号源。 （2）在一个较为完善的背景音乐系统中，有时可以有同时工作的两个收音通道（AM、FM）。短波波段音质不佳，一般不再考虑作为广播系统音源。而且，有些沿海地区 AM 收音也有这个问题，因此也有采用一台调谐器工作的系统。 （3）选择调谐器最好使用带节目存储功能的电调谐式接收机，因为它比手动调谐式接收机使用更为方便。在经过预调后，若需转换节目，只要按下相应的存储按钮，就可以在瞬间无噪声地完成。一般电调谐式接收机的播音质量和性能也比手动式好。
激光唱机	（1）自从出现数字式激光唱片以来，高品质的音乐欣赏已不再是高级享受。激光唱片采用数字式的记录录音方式，可以还原出极为真实的音频信号。 （2）现在几乎所有的高质量节目素材都有激光唱片，所以，激光唱机已成为所有音乐系统中必不可少的音源之一。 （3）通常广播系统中都会有一台以上激光唱机，带有编程和随机播放功能的激光唱机，可使播放自动随机选取播放，保持音乐播放的多样化。 （4）激光唱机整机的频率响应范围为 20～20000Hz，非线性失真小于 0.05%，信噪比、动态范围、立体声立度都大于 90dB。所有的指标均高于传统媒体的水平。
传声器	传声器又称为话筒或麦克风，它的作用是将声音振动尽可能不变地转换为电振动。 传声器按结构可分为动圈式、晶体式、碳粒式、铝带式和电容式等，其中最常用的是动圈式和电容式；按声波接收原理分为声压式和压差式等；按指向特性分为无指向性传声器、双指向性传声器和单指向性传声器等。 （1）动圈式传声器。动圈式传声器是使用最为广泛的一种动圈式传声器。磁铁具有一个罐状铁心，在一个圆柱形的空气隙中产生一个非常均匀的磁场。振动膜片的背面有一个放置于磁场中的音圈，音圈套在永久磁铁的圆形空气隙中，根据电磁感应原理，当声压加在膜片上而使它振动时，音圈的导体在磁场中切割磁力线，在音圈两端产生感应电动势，实现了声电的转换。动圈话筒噪声低，音质好，无须馈送电源，结构简单，使用简便，性能稳定可靠、耐用、便宜。 （2）电容话筒。电容话筒的核心是一个电容传感器。电容的两极被窄空气隙隔开，空气隙就形成电容器的介质。在电容的两极间加上电压时，声振动引起电容变化，电路中电流也产生变化，将这信号放大输出，就可得到质量相当好的音频信号。 另外还有一种驻极体式电容话筒，采用了驻极体材料制作话筒振膜电极，不需要外加极化电压即可工作，简化了结构，因此这种话筒不但非常小巧廉价，同时还具有电容话筒的特点，被广泛应用在各种音频设备和拾音环境中。 电容话筒的灵敏度高，失真小，频率响应好，音质好，维护要求高，价格高，适用于高保真度要求的播音、录音机舞台演出
前置放大器	话筒、调谐器、磁带卡座、激光唱机等音源设备，都属于低电平输出设备，不能直接推动功放级，需增设前置放大器将不同的音源信号放大到足够电平。前置放大器主要用于将弱电平信号，如话筒、线路输入等，放大到足够电平，以推动后级放大器。一般前置放大器的输出电平是可调的

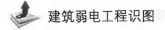

类　　别	内　　容
调音台	调音台是广播音响系统的中心控制设备，并有分配信号的作用，又称前级增音机。调音台有6 路、8 路、10 路……32 路、48 路、96 路等多个输入通道，能接收多路不同阻抗、不同电平的各种音源信号，对这些通道信号进行接入、音量控制，并将其混合，进行均衡、压缩/限幅、延迟、激励抑制反馈和效果等处理，再重新编组和分配切换。 　　调音台还有一些特殊服务功能，如选择监听、现场录音输出、通道哑音、1kHz 校正信号检测等
均衡器	均衡器的作用是对声音频响特性进行调整，以达到不同的音响效果。均衡器还可以调整由于建筑物的结构、空间、材料等对不同声音中不同频率成分的反射和吸收不同而造成的频率失真
压限器	压限器由压缩器和限幅器两部分组成，其作用是对音频信号的最大电平与最小电平之间的相对变化量进行压缩或扩张，以减小失真、降低噪声、美化音质
延时器	延时器对音频信号进行延时处理，再送入扩声系统放大，可使不同位置音箱发出的声音几乎同时到达听众的耳朵，可获得高清晰度的音响效果
混响器	混响器可以模拟出各种不同环境和不同情景的音响效果
扩声设备	扩声设备主要是功率放大器。功率放大器的输出功率可以从几瓦到几千瓦。在设计中是根据扩声系统的音质标准和所需容量来选择相应等级和规格的产品。常见的功率放大器输出功率有：45、60、90、120、180、240、360、450、600W 几种。 　　(1) 功率放大器按与扬声器连接的方式分为定压式和定阻式两种，目前多采用定压式。 　　(2) 定阻式功率放大器以固定阻抗的方式输出音频信号，要求负载按规定的阻抗与功放配接才能获得功放的功率，适用于传输距离较近的系统。公共广播系统负载的变化较大，不适合采用这种类型的放大器。 　　(3) 远距离传输音频信号时，应采用定压式功率放大器以高电压的方式进行传输，以减小线路上的能量损耗。定压输出的扩音机常应用于有线广播系统，使用方便，能允许负荷在一定范围内增减。 　　(4) 定压式功率放大器包括混合式放大器和纯功率放大器两种类型。混合式放大器是将前置放大器与定压式功率放大器合并在一起，可直接放大话筒、线路输入等弱电平信号；纯功率放大器仅仅只是包含功率放大部分，通常用于系统的末级功率驱动和线路的接力放大、音调及均衡

第二节　广播音响系统组成

　　广播音响系统是一种通信和宣传工具，它的设备简单、维护使用方便，在各种公共建筑，如影剧院、体育场馆、宾馆、酒店、商厦、办公楼、写字楼、学校、工矿企业、候车（机、船）厅中得到广泛应用，是必不可少的弱电设备。

　　图 11-1 所示为广播音响系统的组成。通常，广播音响系统由节目源、信号放大和处理设备、传输线路和扬声器系统等组成。

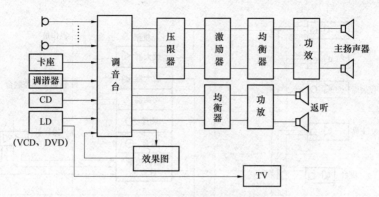

图 11-1　广播音响系统的组成

1. 会议系统

会议系统的话筒多、扬声器多、功率不高。

图 11-2 所示为会议讨论系统，其中一人发言时，其他人面前的话筒关闭，扬声器放音。

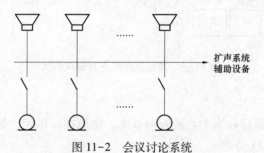

图 11-2　会议讨论系统

图 11-3 所示为同声传译系统，用于有使用不同语言的多个国家参加的会议等场所，将发言者的语言同期翻译并传输给听众。

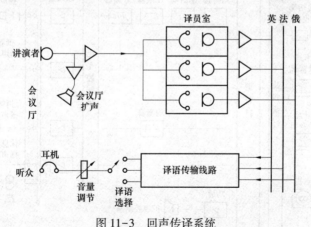

图 11-3　回声传译系统

会议表决系统，它是一个与分类表决终端网络连接的中心控制数据处理系统，每个表决终端设有至少三种可能选择的按钮：同意、反对、弃权。

图 11-4 所示为含有表决设备的会议系统。

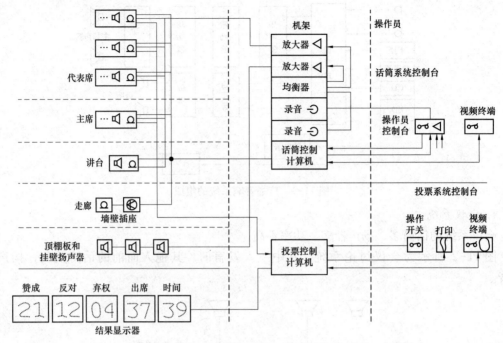

图 11-4　含有表决设备的会议系统

2. 厅堂扩声系统

厅堂扩声系统是以调音台为中心的音响系统，常用在音乐厅、影剧院、体育场所、多功能厅等处，其组成如图 11-5 所示。

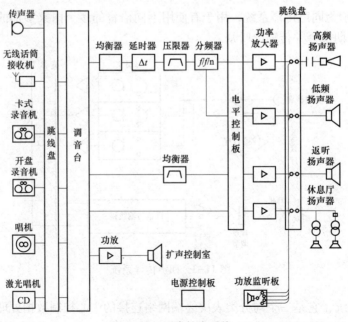

图 11-5　厅堂扩声系统

厅堂扩声系统器材种类多，对器材的要求高，扬声器和功放的功率大，传输线路短，话筒与扬声器在同一空间，应采取有效的抑制声反馈措施。扩声系统的声反馈如图 11-6 所示。

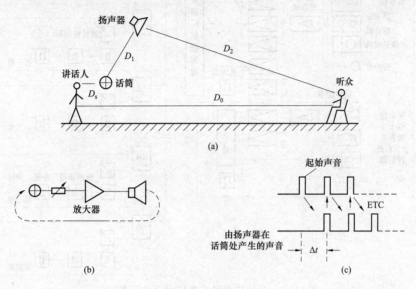

图 11-6　扩声系统的声反馈

（a）电声途径；（b）声反馈；（c）声音引起的电模拟信号波形

3. 公共广播系统

公共广播系统主要用于办公楼、商业楼、学校、车站、码头、酒店等处，对声音质量要求不高，扬声器数量多、分散、功率小，可以放在室外，传输线路长，一般采用定压输出，如图 11-7 所示。

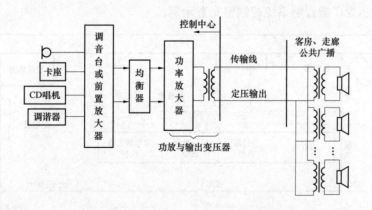

图 11-7　定压输出公共广播系统框图

图 11-8 所示为公共广播及应急广播系统示例。

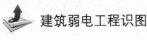
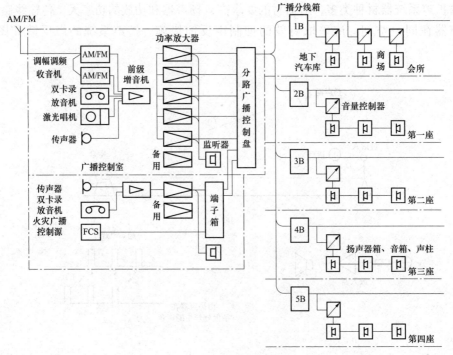

图 11-8　公共广播及应急广播系统示例图

第三节　广播音响系统图识读

一、广播音响系统安装图

1. 广播音响系统控制室布置图

图 11-9 所示为广播音响系统控制室布置示例。

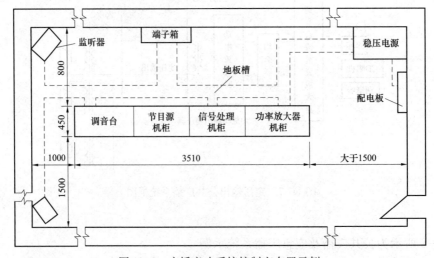

图 11-9　广播音响系统控制室布置示例

2. 广播机械组成及安装图

图 11-10 所示为广播机柜组成，图 11-11 所示为广播机柜安装方法。

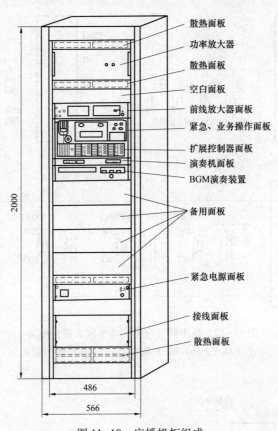

图 11-10 广播机柜组成

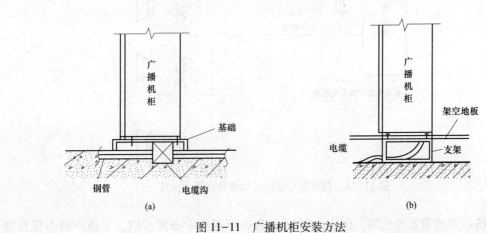

图 11-11 广播机柜安装方法
(a) 方式（一）；(b) 方式（二）

3. 扬声器的安装

（1）扬声器与功率放大器的配接图。图 11-12 所示为扬声器与定阻式功率放大器的配接，图 11-13 所示为扬声器与定压式功率放大器的配接。

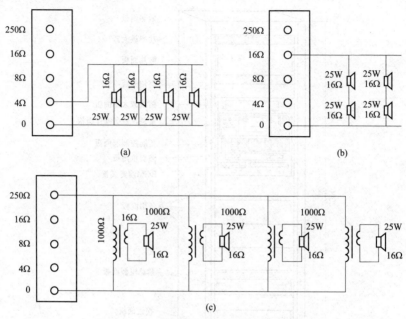

图 11-12　扬声器与定阻式功率放大器的配接

（a）并联式；（b）串-并联式；（c）阻抗变换-并联式

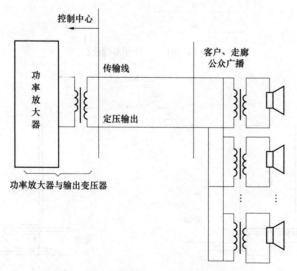

图 11-13　扬声器与定压式功率放大器的配接

（2）扬声器的布置与安装。图 11-14 所示为扬声器集中布置示例，主扬声器布置在舞台口上方，并在舞台两侧下部布置拉声像扬声器。

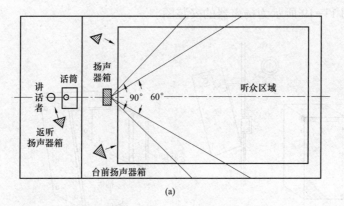

(a)

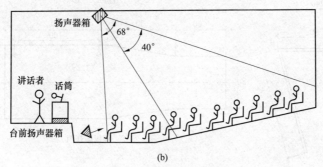

(b)

图 11-14　扬声器集中布置示例

（a）平面图；（b）侧面图

图 11-15 所示为某影剧院扬声器布置示例。

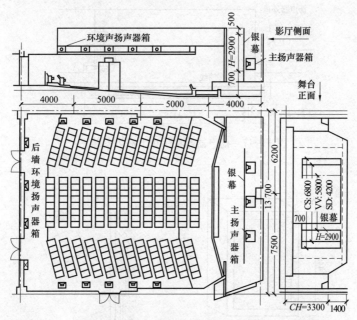

图 11-15　某影院扬声器布置示例

图 11-16～图 11-19 所示为扬声器的安装图。

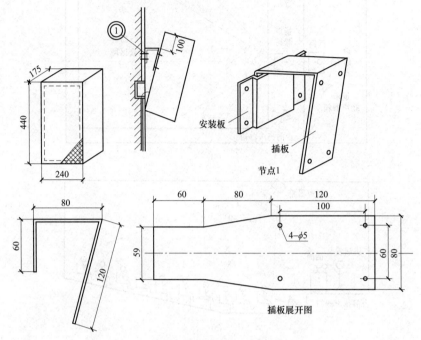

图 11-16　小音箱壁装

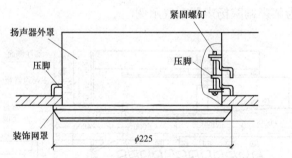

图 11-17　扬声器箱在吊顶上嵌入安装图

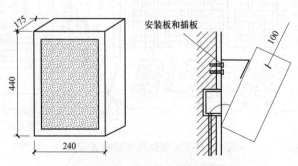

图 11-18　壁挂扬声器安装图

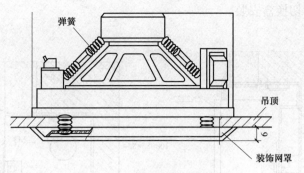

图 11-19 扬声器吸顶安装图

图 11-20 所示为音量控制器外形尺寸，图 11-21 所示为音量控制器原理图。

型号	输出功率 （W）	外形尺寸（mm） （高×宽×厚）	预埋盒尺寸 （mm）	质量 （g）
ZUK-1A	5	86×86×50	75×75×45×115	115

图 11-20 音量控制器外形尺寸

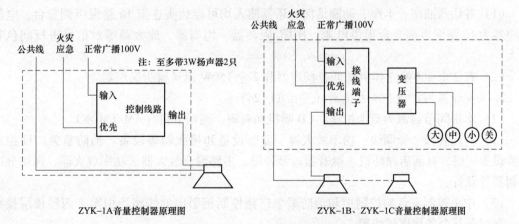

图 11-21 音量控制器原理图

ZYK-1A、ZYK-1B、ZYK-1C 系列音量控制器用于广播系统，可控制放大器馈送给扬声器的电信号大小，一般按 0dB-6dB-12dB 断开四挡输出电信号，当音量改变时，输入阻抗保持稳定。当采用三线制时，即使处于断开位置（off）仍可实现应急广播，本系列按 100V 定压输入设计。

图 11-22 所示为切换盒安装。

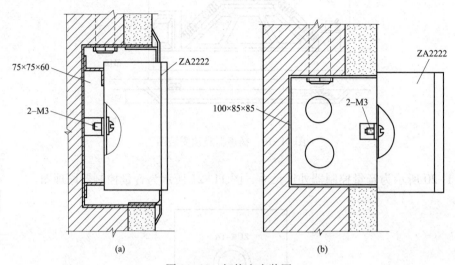

(a)   (b)

图 11-22　切换盒安装图

（a）暗装；（b）明装

注：ZA2222 切换盒外形尺寸为 85mm×85mm×45mm

暗装盒尺寸为 75mm×75mm×60mm

明装预埋盒尺寸为 100mm×85mm×45mm

二、广播音响系统图识读

1. 某宾馆五层宴会厅音响系统图

图 11-23 所示为某旅游宾馆五层宴会厅音响系统图。

（1）各话筒插座、卡座、动圈话筒、乐器输入均可经插头连至 16 路混声调音台，电源供应器为 16 路混声调音台提供电源，压缩/限幅器、均衡器、放大器等对信号进行润色和放大。

（2）有 2 个 300W 立体声高低音扬声器和 2 个 150W 返送监听扬声器。

2. 某宾馆房间广播音响系统图（见图 11-24）

（1）本房间节目源为双卡机座、CD 唱机和调频、调幅节目（AM/FM 座）。

（2）有前置级、音调级、功率放大器、监听设备和接线箱等设备。消防紧急广播控制柜装设于一层，有酒店循环机、微音器、琴音键、多路混合放大器、功率放大器、强切分区控制器等设备。

（3）中央控制室音响控制柜和消防紧急广播控制柜引出的线路均引至十四层楼层接线箱，再引至其余各楼层接线箱。

（4）从各楼层接线箱又引至各楼层客房控制柜、楼道及公共场所等处的区域音量控制器和吊顶式音箱。

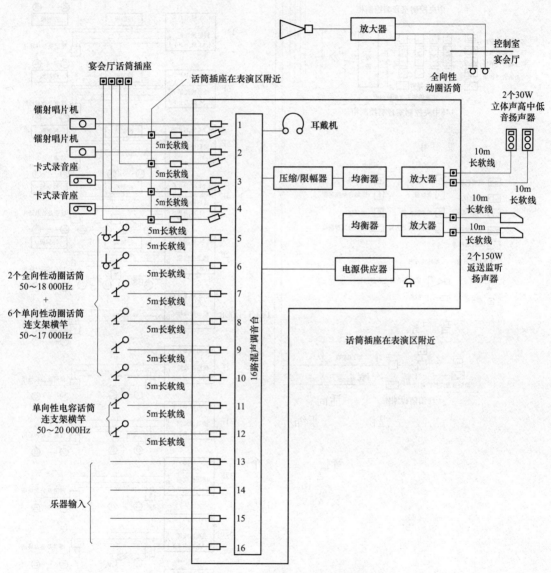

图 11-23 某宾馆五层宴会厅音响系统

225

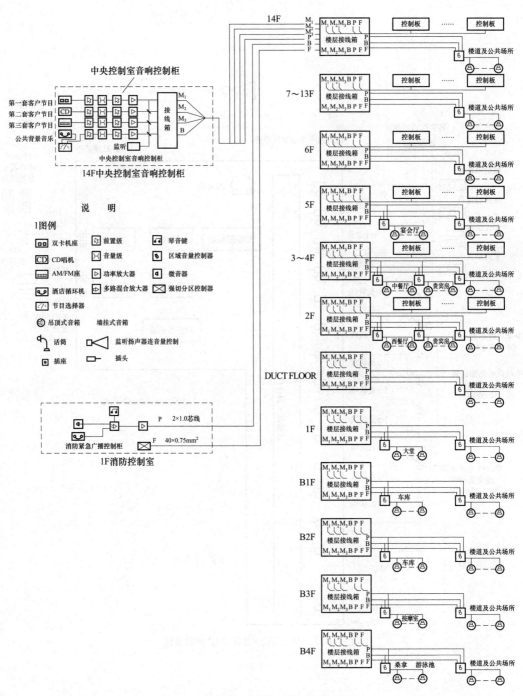

图 11-24　某宾馆房间广播音响系统图

参 考 文 献

[1] 中国建筑标准设计研究所. 国家标准图集，电缆桥架安装（04D701—3）. 2004.

[2] 中国建筑标准设计研究所. 国家标准图集，综合布线系统工程设计施工图集（02X1010—3）. 2002.

[3] 中国建筑标准设计研究所，国家标准图集，安全防范系统设计与安装（06SX503）. 2006.

[4] 朱林根. 21世纪建筑电气设计手册，北京：中国建筑工业出版社，2003.

[5] 候志伟. 建筑电气识图与工程实例［M］. 北京：中国电力出版社，2006.

[6] 夏国明. 建筑电气工程识读. 北京：机械工业出版社，2009.

[7] 张树臣. 建筑电气施工图识图. 北京：中国电力出版社，2010.

[8] 汪永华. 建筑电气安装工识图快捷通. 上海：上海科学技术出版社，2007.

[9] 刘复欣. 建筑弱电系统安装. 北京：中国建筑工业出版社，2007.

[10] 姜久超，马文华. 建筑弱电系统安装. 北京：中国电力出版社，2007.

[11] 杨绍胤. 智能建筑设计实例精选. 北京：中国电力出版社，2006.

[12] 张九根，丁玉林. 智能建筑工程设计. 北京：中国电力出版社，2007.

[13] 王再英，等. 楼宇自动化系统原理与应用. 北京：电子工业出版社，2005.